SEOUL BUDAPEST

DR AGNES CSIBA-HERCZEG
TAEYEON KIM

BRIDGING CULTURES THROUGH FLAVOURS AND TERROIR

KULTÚRÁK TALÁLKOZÁSA ÍZEKEN ÉS TERROIRON ÁT

음식과 와인으로 이어지는 두 나라

MAGYAR KIADÁS
© 2024, Wine Treasury Kft. Páty, Hungary

NYOMÁS
Pauker Nyomda
Felelős vezető: Vértes Dániel

DESIGN
Georgina Csörgő

PHOTOS
Áron Erdőháti
Balázs Szmodits
Busák Attila – St.Andrea
Hungarian Wine Marketing Agency
HWAYO CO. LTD.
Korea Tourism Organization (한국관광공사) 포토코리아-한국관광공사 김지호, 알렉스 분도

Különösen köszönjük azoknak a barátainknak és kollégáinknak, akik munkájukkal és támogatásukkal
segítették a könyv létrejöttét:
Beleznay Kati
Giesz Péter
Gyenes Milán
Hungler Tímea
Matyi Dezső
Sue Tolson
Takács Zsolt
Tóth Kriszti
Tóth Krisztina

SEOUL-BUDAPEST
1판 1쇄 발행일 2024년 11월 10일 저자 아그네스 치버-헤르체그·김태연 발행인 김문영 펴낸곳 시트롱 마카롱
등록 제014-000153호 주소 경기도 파주시 산남로 107번길 86-17, 79호 ISBN 979-11-978789-8-5 03590
Tel 031 947 5580 Fax 02 6442 5581 Email esoope@naver.com SNS @citronmacaron

CONTACT
agnes@herczegagnes.com & taeyeon@kimchiinstitute.org

SEOUL BUDAPEST

DR AGNES CSIBA-HERCZEG
TAEYEON KIM

아그네스 치버-헤르체그·김태연 공저

BRIDGING CULTURES THROUGH FLAVOURS AND TERROIR

KULTÚRÁK TALÁLKOZÁSA ÍZEKEN ÉS TERROIRON ÁT

음식과 와인으로 이어지는 두 나라

CITRON MACARON

TABLE OF CONTENTS

TARTALOM

목차

FOREWORDS

KÖSZÖNTŐK

들어가기 전에

We invite you to join our journey to combine our love for Korean food with our passion for Hungarian wines, to create an exceptional harmony of flavours.

In this book, you'll discover both classic and trendy Korean dishes, easily prepared with local ingredients. Each recipe is expertly paired with Hungarian wines, chosen to perfectly complement the flavours and elevate your gastronomic experience. We'll also guide you through Hungary's enchanting wine regions, introducing the must-visit wineries behind these exquisite wines.

This book is more than a guide, it's a celebration of the culinary exchange between Korea and Hungary. For us, Korean cuisine can turn ordinary meals into festive occasions, while Hungarian wines make any gathering special. We invite you to explore this shared love of food and drink that connects us all.

Food and wine transport us to new places without leaving home. Through this book, we hope to offer an unforgettable experience of tasting the vibrant flavours of Korea and Hungary. As two dedicated culinary professionals, we're excited to share this journey with you, enriching your palate and connecting you to both cultures.

With love from Seoul to Budapest,
Taeyeon & Agnes

Szeretettel meghívunk, hogy csatlakozz hozzánk egy különleges utazásra, ahol a koreai ételek iránti szenvedélyünket és a magyar borok szeretetét ötvözve alkotunk egyedülálló ízharmóniákat.

Ebben a könyvben olyan klasszikus és modern koreai ételeket találsz, amelyeket könnyedén elkészíthetsz helyi alapanyagokból. Minden recepthez gondosan válogatott magyar borokat ajánlunk, amelyek tökéletesen kiegészítik az ízeket, és emelik a gasztronómiai élményt. Emellett végigkalauzolunk Magyarország csodálatos borvidékein, és bemutatjuk azokat a helyeket, amelyek ezeknek a különleges boroknak otthont adnak.

Ez a könyv több mint egy útmutató; egy igazi kulináris összeolvadása Koreának és Magyarországnak. A párosítás tökéletes, hiszen míg a koreai konyha képes a mindennapi étkezéseket ünneppé varázsolni, addig a magyar borok minden alkalmat és fogást még különlegesebbé tesznek.

Az ételek és borok új helyekre repítenek minket anélkül, hogy elhagynánk az otthonunkat. Ezzel a könyvvel egy felejthetetlen élményt szeretnénk nyújtani, amelyben megízlelheted Korea és Magyarország vibráló világát. Tarts velünk ezen az utazáson, éld át velünk a szeretetet és szenvedélyt az ételek és a borok iránt, azt, ami minket is összeköt.

Szeretettel Szöulból és Budapestről,
Taeyeon & Ágnes

와인은 떼루아를 담고 있습니다. 떼루아는 기후, 토양을 넘어 와인의 문화적 정체성 그 자체이기도 합니다. 그런 의미에서 헝가리 와인은 헝가리인의 정체성을, 한식은 한국인의 정체성을 담고 있죠. 운명처럼 두 나라의 와인과 음식이 만났고 그 아름다운 조화를 담기 위한 여정이 시작되었습니다.

이 책은 한국인들이 즐겨먹는 한국 음식과 헝가리 와인의 페어링을 소개합니다. 모든 레시피는 세계 어디서든 로컬 식재료로 간편하게 만들 수 있도록 구성되었습니다. 여기에 맛보는 즐거움을 잊지 못할 경험으로 끌어올려 줄 헝가리 와인 페어링은 물론, 헝가리의 와인 산지와 대표 와이너리도 함께 담아냈습니다.

≪서울-부다페스트≫는 단순한 요리책을 넘어, 한국과 헝가리의 식문화를 함께 나누고 즐기는 축제의 장입니다. 또, 미식을 통해 두 나라를 더욱 가깝게 연결하는 매개체이기도 하죠. 추적추적 비 오는 날 바삭하게 잘 구워진 전을 먹으면 작은 포만감으로 행복감을 느낄 수 있듯, 한식은 때에 따라 일상의 평범한 것도 특별한 느낌이 들게 만들어 주기도 합니다. 헝가리에서 손님을 맞이할 때 좋은 와인을 준비하듯, 헝가리 와인은 어떤 모임도 더 뜻깊게 만들어 줍니다.

음식과 와인은 멀리 여행을 떠나지 않고도 식탁 위에서 이국적인 경험을 할 수 있는 날개를 달아줍니다. 이 책을 통하여 한국과 헝가리의 다채로운 미식의 세계로 저희와 함께 여행을 떠나 보실까요?

서울, 그리고 부다페스트에서
저자 김태연과 아그네스 드림

DR. HONG KYUDOK
AMBASSADOR OF THE REPUBLIC OF KOREA TO HUNGARY

Dear readers and wine enthusiasts,

I'm delighted to share some exciting news. This book, authored by two experts from Korea and Hungary, provides valuable insights into pairing Hungarian wines with Korean cuisine. Before I was assigned to Hungary, I had no knowledge of Furmint, a white wine with aromatic flavours perfect for meals, parties or receptions—especially in hot weather. Hungarian red wines, like Gere Solus and St. Andrea, are also exceptional, particularly for those who enjoy rich flavours.

In Korea, wine lovers enjoy a vast selection from around the world, yet Hungarian wines remain relatively unknown. This is because most Hungarian wine is consumed domestically, reflecting the Hungarian lifestyle that values contentment and privacy. However, thanks to the efforts of the Hungarian Wine Marketing Agency and experts like Dr Ágnes Csiba-Herczeg, these outstanding wines are becoming more accessible in Korea, offering a new dimension of taste. For Koreans, when visiting Hungary, I encourage you to explore beyond Budapest to discover the rich world of Hungarian wines and traditional dishes at local wineries.

Hungarian wines also pair wonderfully with Korean cuisine. Chef Kim Taeyeon has made significant contributions to introducing Korean cuisine to Europe by establishing The Kimchi Institute. I believe this book will be a delightful gift for gourmets seeking new culinary experiences and will help further strengthen the cultural bond between Hungary and Korea.

From Budapest, Kyudok Hong

DR. HONG KYUDOK,

A KOREAI KÖZTÁRSASÁG MAGYARORSZÁGI NAGYKÖVETE

Kedves Olvasók és Borkedvelők!

Örömmel osztok meg Önökkel egy izgalmas hírt: egy koreai és egy magyar szakértőnek köszönhetően elkészült egy könyv, amely értékes betekintést nyújt a magyar borok és a koreai ételek párosításának világába. Mielőtt Magyarországra kerültem volna, nem ismertem a Furmintot, pedig izgalmas ízének köszönhetően tökéletes választás ételekhez, partikhoz vagy fogadásokhoz – különösen a nyári melegben. A magyar vörösborok, mint a Gere Solus és a St. Andrea borai szintén kiválóak, főként azok számára, akik a gazdag, testes ízeket kedvelik.

Koreában a borkedvelők széles kínálatból válogathatnak szerte a világból, de a magyar borok egyelőre még ismeretlenek. Ez azért van, mert a magyar borok nagy része Magyarországon kerül elfogyasztásra, ami a magyarok nyugodt és visszafogott életmódjának természetes része. Azonban a Magyar Bormarketing Ügynökség és olyan szakértők, mint Dr Csiba-Herczeg Ágnes erőfeszítéseinek köszönhetően ezek a kiváló borok egyre inkább elérhetővé válnak Koreában is, új ízvilágot kínálva a koreai fogyasztóknak. A Magyarországra látogató koreaiaknak azt javaslom, hogy fedezzék fel Budapest határain túl is a magyar borok gazdag világát és a borvidékek hagyományos ételeit.

A magyar borok kiválóan illenek a koreai ételekhez is. Kim Taeyeon séf jelentős mértékben hozzájárult a koreai konyha európai megismertetéséhez a The Kimchi Institute megalapításával. Hiszem, hogy ez a könyv kedves ajándék lesz azok számára, akik új gasztronómiai élményeket keresnek, és segíti a kulturális kötelékek további erősítését Magyarország és Korea között.

Budapestről, Kyudok

홍규덕 주 헝가리 대한민국 대사

존경하는 독자여러분,

안녕하세요. 저는 주헝가리 대한민국 특명전권대사 홍규덕입니다.

와인을 사랑하는 많은 애호가 여러분께 기쁜 소식을 전해드리고 싶습니다. 한국과 헝가리를 대표하는 두 전문가가 쓴 이 책에는 헝가리의 와인과 한식 궁합에 대한 소중한 정보를 담고 있습니다. 저 역시 헝가리에 부임하기 전까지는 Furmint라는 포도 품종으로 만든 화이트 와인을 몰랐지만, 이 와인은 무더운 날씨에 식사나 파티에 없어서는 안 될 중요한 필수품이 되었습니다. 너무 가볍지도 않지만 지나치게 드라이하지 않은 균형감이 훌륭한 와인입니다. 또, 헝가리의 레드와인, 특히 Gere Solus와 St. Andrea는 중후한 맛을 좋아하는 애호가들에게 추천합니다.

한국에는 세계 각국의 와인이 넘쳐나지만, 헝가리 와인은 여전히 미지의 세계로 남아 있습니다. 왜 그럴까요? 헝가리 와인에 대한 정보가 적은 이유는 생산량 대부분이 국내 소비로 소진되고 있기 때문입니다. 이는 안분지족의 삶, 방해받지 않는 삶을 지향하는 헝가리 분들의 생활태도와 무관하지 않습니다. 무려 150여 가지가 넘는 다양하고 질 좋은 와인들이 생산되고 있지만, 이들을 드러내놓고 자랑하는 일은 하지 않았습니다. 다행히 최근 헝가리 와인 마케팅 공사와 저자 Dr. Agnes Csiba-Herczeg와 같은 전문가들의 노고를 통해 한국에서도 우수한 헝가리 와인을 접할 기회가 늘어나고 있는 것은 정말 다행스러운 일입니다. 헝가리에 관광을 위해 오시는 분들은 조금만 시간을 내셔서 도시 외곽에 나가 와이너리에서 직접 양조한 헝가리 와인들과 함께 헝가리 전통 음식들을 맛보시기를 바랍니다.

헝가리 와인들은 우리의 한식과도 궁합이 잘 맞습니다. 김태연 요리 연구가는 유럽의 한복판에서 김치 한식문화 교육원을 설립하여 유럽인들에게 한국 음식의 세계를 소개하는 데 크게 기여를 했습니다. 앞으로 헝가리 와인과 음식을 한국에 소개하는 데 더 큰 노력을 기울여 줄 것으로 기대합니다. 그런 점에서 이번 책자 발간은 새로운 맛의 세계를 찾는 미식가 여러분들에게 큰 선물이 되리라 자신합니다. 책자를 발간하기 위해 수고해 준 모든 여러분께 깊이 감사드립니다. 헝가리와 한국의 관계가 음식문화를 통해 더 발전하기를 소망합니다.

부다페스트에서, 홍규덕 드림

ISTVÁN SZERDAHELYI

AMBASSADOR OF HUNGARY TO THE REPUBLIC OF KOREA

Dear reader,

"Seoul Budapest", this unique and masterfully crafted book is a true celebration of the rich culinary traditions of Korea, beautifully complemented by the exquisite wines of Hungary. Authored by the renowned Hungarian wine expert, Dr Ágnes Csiba-Herczeg and the talented Korean chef, Kim Taeyeon, this book offers readers an unparallelled exploration of how the bold flavours of Korean cuisine can harmonize with the diverse notes of Hungarian wines.

Presented in three languages – Hungarian, Korean and English – this book is accessible to a wide audience, promoting cultural exchange and deepening the appreciation of our shared culinary heritage. The thoughtfully curated pairings, alongside detailed recipes and an introduction of the Hungarian wine districts make this an invaluable resource for both professionals and enthusiasts alike. "Seoul Budapest" is more than a cookbook; it is an invitation to embark on a sensory journey, celebrating the unity of our cultures through the universal language of food and wine.

SZERDAHELYI ISTVÁN

MAGYARORSZÁG SZÖULI NAGYKÖVETE

Kedves Olvasó!

A „Szöul Budapest", ez a különleges és igényesen összeállított könyv méltó ünneplése a koreai konyha gazdag hagyományainak, amelyeket a magyar borok kifinomult ízvilága tökéletesen egészít ki. A könyv szerzői, az elismert magyar borszakértő, Dr Csiba-Herczeg Ágnes és a tehetséges koreai séf, Kim Taeyeon páratlan betekintést nyújtanak abba, hogyan képesek a koreai ételek karakteres ízei harmonizálni a magyar borok sokszínű világával.

A három nyelven – magyarul, koreaiul és angolul – megjelent könyv széles közönség számára hozzáférhető, elősegítve a kulturális kapcsolatok erősítését és a közös gasztronómiai örökségünk iránti megbecsülést. A gondosan összeválogatott párosítások, valamint a részletes receptek és a magyar borvidékek bemutatása révén ez a könyv felbecsülhetetlen értéket képvisel szakértők és laikusok számára egyaránt. A „Szöul Budapest" több mint egy szakácskönyv; egy érzéki utazásra invitál, amelyben kultúráink egységét ünnepelhetjük az ételek és borok egyetemes nyelvén keresztül.

세르더헤이 이슈트반 주한 헝가리 대사

독자분들께,

"서울-부다페스트"는 한국의 다채로운 음식과 헝가리의 뛰어난 와인이 함께 어우러진 매력적인 책입니다. 헝가리의 와인 전문가 아그네스 치바-헤르체그 박사와 한국의 요리 연구가 김태연이 공동 저술한 이 책에서는 한식의 특별한 풍미가 헝가리 와인과 어떻게 조화를 이루는지에 대한 새로운 인사이트를 제공합니다.

이 책은 헝가리어, 한국어, 영어의 3개 언어로 출간되어 다양한 독자들이 쉽게 접할 수 있습니다. 또한, 문화 교류를 촉진하고 두 나라의 식문화에 대한 이해를 넓혀줍니다. 세심하게 선별된 페어링과 자세한 레시피와 와인 노트, 헝가리 와인 지구에 대한 소개까지 담고 있어 전문가뿐만 아니라 독자 모두에게 귀중한 자료가 될 것입니다. "서울 부다페스트"는 단순한 요리책을 넘어 음식과 와인이라는 보편적인 언어를 통해 두 문화의 화합을 느낄 수 있는 감각적인 여행으로의 초대입니다.

PÁL RÓKUSFALVY

GOVERNMENT COMMISSIONER FOR NATIONAL WINE MARKETING

"Wine and spice, each alike,
When used wisely, bring health to life."
—János Vajda

Dear readers, chefs and gastronomic enthusiasts,

Not only in the 19th century but even much earlier, people recognized that the right pairing of wine and food can elevate the gastronomic experience to new levels, with the potential to contribute to one's health. However, it is a modern innovation to break away from traditions and dare to try things that might not immediately come to mind but work wonderfully. One such innovation is the fusion of the cuisines of different nations and countries, sometimes quite distinct from each other. There are many directions this fusion can take, but the 21st-century individual strives for health and sustainability. This is why I consider the world of Korean cuisine and Hungarian wine culture an excellent starting point. Both are rooted in natural ingredients and centuries-old traditions, yet they always keep pace with the times because they can renew themselves. Thus, they hold countless possibilities, limited only by one's willingness to experiment and creativity.

I hope that flipping through the pages of this book will provide you with as rich and complex an experience as the meeting of these two gastronomic cultures. Immerse yourself in the world of Hungarian wines and wine regions, and in Korean food culture. I wish you much success in preparing the recipes and bon appétit as you enjoy the pairings!

RÓKUSFALVY PÁL

NEMZETI BORMARKETINGÉRT FELELŐS KORMÁNYBIZTOS

„A bor és a fűszer, egyik mint a másik,
Okosan használva egészségre válik."
Vajda János

Kedves olvasók, szakácsok, gasztrorajongók!

Nemcsak a 19. században, hanem már sokkal előbb felismerték az emberek, hogy a megfelelő bor és étel párosítás több szintet is tud emelni a gasztronómiai élményeken, valósággal egészségmegtartó erővel bírhat. Az viszont már a modern kor újítása, hogy elszakad a tradícióktól és mer olyan dolgokat kipróbálni, amire elsőre nem is gondolnánk, de fantasztikusan tud működni. Ilyen az esetenként nagyon különböző nemzetek, országok konyháinak fúziója. Ezek között számos irányvonal lehet, de a 21. század embere az egészségre és a fenntarthatóságra törekszik. Ezért tartom kiváló kiindulási pontnak a koreai ételek világát és a magyar borkultúrát. Mindkettő természetes alapanyagokból indul ki, sok száz éves hagyományokra és tradíciókra épül, mégis mindig lépést tart a korral, mert megújulásra képes. Így rejlik számos lehetőség benne, aminek csak a kísérletező kedv és a kreativitás szabhat határt.
Kívánom, hogy ennek az albumnak a forgatása is olyan komplex élményeket nyújtson, mint amilyen ennek a két gasztrokulturális világnak a találkozása. Merüljenek el a magyar borok, borvidékek világában és a koreai ételkultúrában. A receptek elkészítéséhez sok sikert, a párosítások elfogyasztásához pedig jó étvágyat kívánok!

로쿠스팔비 팔

헝가리 와인마케팅공사 정부위원

"와인과 향신료, 둘 다 현명하게 사용하면 건강에 도움이 된다."
- 바이다 야노시

독자 여러분, 셰프와 미식가 여러분!

19세기 이전부터 사람들은 와인과 음식의 조화가 미식의 즐거움을 더할 뿐만 아니라 건강에도 유익하다는 것을 잘 알고 있었습니다. 현대에 이르러서는 전통에서 벗어나 새로운 조합에 도전하는 것이 혁신으로 여겨지고 있는데요, 특히 다른 식문화를 가진 이국적인 요리와의 조합이 그 좋은 예입니다. 특히, 현대사회에서 건강과 지속 가능성에 대한 관심이 커지면서 저 또한 한식과 헝가리 와인의 만남이 특별한 경험을 선사할 수 있다고 생각합니다.
오랜 역사를 가진 두 나라의 식문화는 자연에서 얻은 식재료를 바탕으로 시대의 변화에 맞춰 끊임없이 발전해 왔습니다. 이러한 공통점에서 창의성과 실험 정신은 무궁무진한 가능성을 열어줄 것입니다.
이 책을 통해 한국 음식과 헝가리 와인이 어우러지는 풍부하고 다채로운 경험을 즐기시길 바랍니다. 헝가리 와인과 와인 산지에 대한 이야기로 빠져들고 다채로운 한식과의 페어링에서 시너지를 느껴보세요. 요리를 준비하는 과정에서 즐거움을, 그리고 그 조합을 맛보는 순간 새로운 경험을 만끽하며 두 문화가 선사하는 풍미를 마음껏 느껴보시기 바랍니다.

YU HYE RYONG

DIRECTOR OF KOREAN CULTURAL CENTER OF HUNGARY

"There are no borders in taste." At first glance, this phrase might seem disconcerting, as taste is deeply tied to the ingredients and traditions of a country. However, just as we are drawn to beauty, regardless of its origin, delicious food and drink can enchant us, no matter where they are from. This is why I begin with these words.

When we travel, we look forward not only to seeing new sights but also to tasting the local cuisine. Few things capture the essence of a culture as compactly as food. As we savour each dish, we connect with the culture through our senses—taste, smell and sight. Wine, too, plays a key role, acting as the perfect companion in this sensory journey.

The French term mariage, referring to the perfect harmony between food and wine, speaks to this connection. From this perspective, this book, which explores the pairing of Korean cuisine and Hungarian wine, can be seen as arranging an "international marriage" between the two—a combination that had not been formally explored until now.

In March 2024, experts from both fields began their journey to discover the most harmonious pairings of Korean dishes and Hungarian wines. Some combinations brought unexpected joy, and we are thrilled to share these findings with you. Even those already familiar with either Korean food or Hungarian wine will find new ways to enhance their enjoyment through this book.

Special thanks to Chef Taeyeon Kim and Dr Ágnes Csiba-Herczeg for their dedication to this project. We hope this book demonstrates how food and wine remind us that there are truly no borders when it comes to enjoyment.

YU HYE RYONG

A KOREAI KULTURÁLIS KÖZPONT IGAZGATÓJA

"Az ízek világában nincsenek határok" talán először elbizonytalanodunk ennek a mondatnak a kapcsán, de mélyebben belegondolva az ízeknek valóban olyan univerzális vonzerejük van, amelyek felülemelkednek a származáson. Utazásaink során nemcsak a látnivalókat várjuk izgatottan, hanem a helyi konyhának a felfedezését is. Az ételek az apró fogásokban egy kultúra lényegét sűrítik magukba, míg az alkohol az a híd, amely mélyíti ezt az érzéki kapcsolatot.

A francia nyelvben a „mariage" szó a bor és az étel tökéletes párosítására is utal. Ebből a szempontból ez a könyv, amely a koreai ételek és a magyar borok legharmonikusabb párosításait mutatja be, tulajdonképpen egy kulináris házasságot közvetít Korea és Magyarország között. Egy olyan világot mutat meg, amely eddig hivatalosan nem létezett a koreai és magyar gasztronómia terén.

2024 márciusában a szakértőink felfedezőútra indultak, hogy megtalálják a tökéletes párosításokat a korai fogások és magyar borok között. A legizgalmasabbakat ezek közül most velünk is megosztják. Úgy vélem, hogy ez a könyv kifejezetten értékes lesz azok számára is, akik már ismerik a koreai konyhát vagy a magyar borokat, mivel mindkettő szeretetét tovább mélyíti.

Köszönetet szeretnék mondani Kim Taeyeon koreai kulináris szakértőnek és Dr Csiba-Herczeg Ágnes magyar borszakértőnek, hogy fáradhatatlan munkájukkal lehetővé tették ennek a könyvnek a megszületését. Bízom benne, hogy ez a könyv is egy újabb bizonyossága lesz annak, hogy ha finom ételekről és kitűnő borokról van szó, akkor valóban nincsenek határok.

유혜령 주 헝가리 한국문화원장

'맛에는 국경이 없다.' 보통은 쓰면서 약간의 망설임이 생길 수도 있는 문장이라고 생각했습니다. 맛이라는 것만큼 그 나라, 그 지방의 재료와 특색을 강하게 나타내는 것도 없기 때문입니다. 하지만 아름답고 멋진 것에 자연히 눈길을 빼앗기듯이 혀가 즐거운 음식과 술도 어디에서 만들어졌는지에 관계없이 사람을 매료하기에는 충분하기에 이 문장으로 추천사를 시작합니다.

우리는 다른 나라로 여행을 가면, 그 지역의 멋진 볼거리를 볼 생각에 설레하는 만큼, 맛있는 음식을 맛볼 생각에 기대감을 품기도 합니다. 유적지나 건축물에 비하면 턱도 없이 작은 그릇에 담긴 음식처럼 문화의 정수를 압축적으로 담아낸 것이 또 있을까요? 음식을 씹고 맛보는 동안 우리는 혀와 코, 눈 등을 오감을 이용해 그 나라의 문화에 감각적인 접속을 하게 됩니다. 그리고 그 접속을 돕는 윤활유 역할을 하는 것이 술입니다.

그래서 일찍이 술과 음식이 결혼만큼 잘 어울려야 한다는 뜻의 프랑스어로 '마리아주(mariage)'라는 단어가 있었습니다. 그런 의미에서 보면, 한식과 헝가리 와인 간의 가장 조화로운 페어링을 소개하는 이 책은 그간 누구도 공식적으로 시도해 보지 않았던, 한-헝의 미식 분야에서의 국제결혼을 주선하는 도서라고도 할 수 있겠습니다.

24년 3월, 음식과 와인 각 분야에서의 전문가들이 테이블 위에 먹음직스러운 한식과 헝가리 와인들을 올려두고 가장 잘 어울리는 조합을 찾는 여정을 시작하였습니다. 어떤 발견들은 예상치 못한 즐거움을 우리에게 선사해주었으며, 이제 그런 즐거운 발견을 독자들과 함께 나눌 수 있게 되었습니다. 이미 한식 또는 헝가리 와인 어느 한쪽을 잘 알고 있는 독자분들에게도 먹고 마시는 즐거움을 배가할 수 있다는 점에서 이 책의 내용은 매우 가치 있다고 생각합니다. 한-헝 마리아주의 중매자로서의 책임을 어깨에 이고, 책이 발간되는 데에 노력을 아끼지 않은 한국 측의 한식 요리 연구가 김태연 셰프님, 헝가리 측의 와인 전문가 Dr Ágnes Csiba-Herczeg께 감사의 인사를 드립니다. 이 책이 한식과 헝가리 와인을 보다 잘 알릴 수 있게 됨을 바람과 동시에, 맛있는 음식과 술 앞에서는 진정 국경도 없다는 것을 일깨우는 도서가 되기를 희망합니다.

DISCOVER
HUNGARIAN
WINES

ISMERD MEG
MAGYARORSZÁG
BORAIT

헝가리 와인을
소개합니다

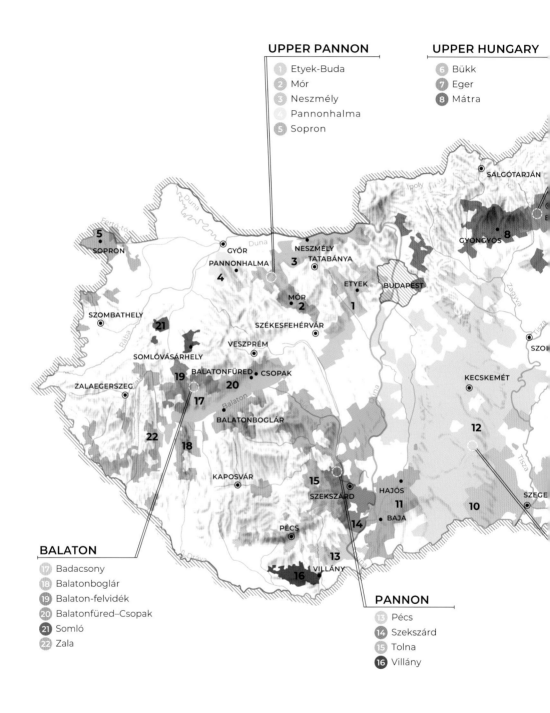

UPPER PANNON

1. Etyek-Buda
2. Mór
3. Neszmély
4. Pannonhalma
5. Sopron

UPPER HUNGARY

6. Bükk
7. Eger
8. Mátra

BALATON

17. Badacsony
18. Balatonboglár
19. Balaton-felvidék
20. Balatonfüred–Csopak
21. Somló
22. Zala

PANNON

13. Pécs
14. Szekszárd
15. Tolna
16. Villány

TOKAJ

9 Tokaj

DANUBE

0 Csongrád
1 Hajós–Baja
2 Kunság

Hungary's wines and wine culture are particularly rich and diverse, shaped by geographical features, climatic variations and centuries of history. The country is divided into six wine regions, which are made up of twenty-two wine districts, each with its own unique character and offering a wide spectrum of wines for enthusiasts to explore. These wine regions are: Balaton, Danube, Upper Hungary, Upper Pannon, Pannon and Tokaj.

Magyarország borkínálata és borkultúrája különösen gazdag és sokszínű, amelyet a földrajzi adottságok, az éghajlati különbségek, valamint évszázadok történelme alakított. Az ország hat borrégiója huszonkét borvidéket foglal magában, ezek mindegyike egyedi karakterrel rendelkezik, és a borok széles spektrumát kínálja a borkedvelők számára. A borrégiók a következők: Balaton, Duna, Felső-Magyarország, Felső-Pannon, Pannon és Tokaj.

헝가리의 와인과 와인 문화는 지리적 특징, 기후 변화, 수세기에 걸친 역사로 인해 특히 풍부하고 다채롭습니다. 헝가리는 6개의 와인 산지로 나뉘며, 고유한 개성을 지닌 22개의 와인 지구로 구성되어 있어 와인 애호가들이 다양한 와인을 즐길 수 있습니다. 헝가리의 와인 산지는 다음과 같습니다: 발라톤(Balaton), 다뉴브(Danube), 상부 헝가리 (Upper Hungary), 상부 판논(Upper Pannon), 판논 (Pannon), 토카이(Tokaj)입니다.

THE MOST IMPORTANT HUNGARIAN GRAPE VARIETIES

A LEGFONTOSABB MAGYAR SZŐLŐFAJTÁK

헝가리의 대표적인 포도 품종

WHITE GRAPE VARIETIES
FEHÉRSZŐLŐ-FAJTÁK
화이트 와인 포도 품종

Cserszegi Fűszeres (체르세기 푸세레쉬)

Ezerjó (에제르죠)

Furmint (푸르민트)

Generosa (예네로자)

Hárslevelű (하르쉬레벨루)

Irsai Olivér (이르샤이 올리베르)

Juhfark (유파르크)

Kabar (카바르)

Kéknyelű (케크넬루)

Királyleányka (키랄리레안카)

Kövérszőlő (크비아츨루)

Kövidinka (크비딘카)

Olaszrizling (올라스리즐링)

BLACK GRAPE VARIETIES
KÉKSZŐLŐ-FAJTÁK
레드 와인 포도 품종

Csókaszőlő (초카쏠로)

Kadarka (카다르카)

Kékfrankos (킥프랑코쉬)

Fekete Járdovány (페케트 야르도바니)

Medina (메디나)

Néró (니로)

Turán (투란)

WINERIES WHOSE WINES YOU SHOULDN'T MISS

PINCÉSZETEK, AKIKNEK A BORAIT NEM ÉRDEMES KIHAGYNI

꼭 가봐야 할 와이너리

BALATON WINE REGION
BALATON BORRÉGIÓ
발라톤 와인 산지

Androsics, Bogdán, Borbély, Bujdosó, Csendes Dűlő, Dobosi, Éliás, Feind, Figula, Gál Szőlőbirtok, Garamvári, Gilvesy, Illés, Ikon, Istvándy, Jásdi, Késa, Kislaki, Koczor, Konyári, Kreinbacher, Kristinus, Laposa, Légli, Nyári, Pálffy, Pátzay, Petrányi, Pócz, Somlói Vándor, Szászi, Tornai, Villa Gyetvai, Villa Tolnay, Von Beőthy, Zelna

UPPER PANNON WINE REGION
FELSŐ-PANNON BORRÉGIÓ
상부 판논 와인 산지

Anonym, Babarczi, Bősze, Cseri, Csetvei, Debreczeni, Etyeki Kúria, Geszler, Hangyál, Haraszthy, Hernyák, Hilltop, Jandl, Kattra, Kősziklás, Luka, Nádas Borműhely, Nyakas, Pannonhalmi Apátsági Pincészet, Rókusfalvy, Steigler, Stubenvoll, Szijjártó Előd, Szivek, Taschner, Winelife

UPPER HUNGARY WINE REGION
FELSŐ-MAGYARORSZÁG BORRÉGIÓ
상부 헝가리 와인 산지

5Dudás, Almagyar Érseki Szőlőbirtok, Bárdos, Benedek Péter, Bolyki, Böjt, Bukolyi, Dubicz, Gál Tibor, Gallay, Hegymente, Hoop, Juhász, KissAttila, Kovács Nimród, Mezei, Nyilas, Petrény, Sándor Zsolt, Sol Montis, Soltész, St Andrea, Szőke Mátyás, Thummerer, Tóth Ferenc

DANUBE WINE REGION
DUNA BORRÉGIÓ
다뉴브 와인 산지

Eredet, Font, Frittmann, Gál Szőlőbirtok, Gedeon, Koch, Pino, Szentpéteri, Sziegl

PANNON WINE REGION
PANNON BORRÉGIÓ
판논 와인 산지

Bock, Bodri, Csányi, Eszterbauer, Garai, Gere Attila, Gere Tamás és Zsolt, Günzer Tamás, Günzer Zoltán, Heimann, Heumann, Jammertal, Jekl, Kiss Gábor, Lajvér, Lisicza, Malatinszky, Matias, Maul Zsolt, Németh János, Pécsi Egyetemi Borbirtok, Pósta, Rácz Lilla, Sauska, Schieber, Sebestyén, Strei-Zagonyi, Takler, Tűzkő, Vesztergombi, Vida, Vylyan, Wassmann

TOKAJ WINE REGION
TOKAJ BORRÉGIÓ
토카이 와인 산지

Árvay, Balassa, Barta, Bodrog Borműhely, Demeter Zoltán, Dereszla, Disznókő, Dobogó, Grand Tokaj, Gróf Degenfeld, Götz, Harsányi, Hétszőlő, Holdvölgy, Juliet Victor, Kern, Kikelet, Maison Aux Pois, Mariasy, Oremus, Orosz Gábor, Patrícius, Royal Tokaji, Sanzon, Sauska Tokaj, Szepsy, Szóló, Tokaj Hétszőlő, Tokaj Nobilis, Zsirai

WINE REGION AND WINE DISTRICT – WHAT'S THE DIFFERENCE?

Hungary's wine regions are not only unique in terms of geography and climate but also in their winemaking traditions and the distinct characteristics of each wine district. Together, these regions form the foundation of Hungary's wine culture, which is gaining increasing recognition on the international stage. The diversity of the regions and the exceptional quality of the wines contribute to Hungary being regarded as one of the world's most interesting wine countries worth discovering. The terms "wine region" and "wine district" are often confused, but it's important to distinguish between them. A wine region is a large geographical area that encompasses multiple wine districts and is generally defined by shared climatic, topographical and soil characteristics. In contrast, a wine district is a smaller area where the traditions of viticulture and winemaking are more concentrated, often with its own regulations and protected designations.

In Hungary, with the exception of Tokaj, each wine region comprises several wine districts. The wine regions act as a sort of "umbrella," under which the various styles and wines of the districts are united by a shared regional identity.

BORRÉGIÓ ÉS BORVIDÉK – MI A KÜLÖNBSÉG?

Magyarország borrégiói nemcsak földrajzi és éghajlati szempontból különlegesek, hanem a bor-készítési hagyományok és az egyes borvidékek sajátosságai révén is. A borrégiók együttesen alkotják a magyar borkultúrát, amely nemzetközi szinten is növekvő figyelemben részesül. A régiók sokszínűsége és a borok kiemelkedő minősége hozzájárul ahhoz, hogy Magyarországot a világ egyik legérdekesebb, borászati szempontból felfedezésre érdemes országaként tartsák számon.

A borrégiók és borvidékek fogalmát gyakran összekeverik, azonban fontos különbséget tenni közöttük. A borrégió egy nagyobb földrajzi egység, amely több borvidékből áll, és általában közös éghajlati, domborzati és talajtani jellemzők mentén határozható meg. A borvidék ezzel szemben egy kisebb területi egység, ahol a szőlőtermesztés és a borkészítés hagyománya koncentráltan jelenik meg, és amely gyakran különálló szabályozással, eredetvédelemmel rendelkezik.

Magyarországon Tokaj kivételével a borrégiók mindegyike több borvidéket foglal magában. A borrégiók egyfajta „ernyőként" működnek, amely alatt a borvidékek különböző stílusai és borai közös régiós identitást nyernek.

와인 산지와 와인 지구 - 차이점은 무엇인가요?

헝가리의 와인 산지는 지리적, 기후적 특성뿐만 아니라 와인 양조 전통과 각 와인 지구의 독특한 특징에서도 차별화됩니다. 이들 지역은 헝가리 와인 문화의 기초를 이루며, 국제적으로 점점 더 많은 인정을 받고 있습니다. 지역의 다양성과 와인의 뛰어난 품질 덕분에 헝가리는 세계에서 가장 흥미로운 와인 생산국 중 하나로 꼽히고 있습니다.

"와인 산지(region)"와 "와인 지구(district)"라는 용어는 종종 혼동되지만, 둘 사이의 차이를 이해하는 것이 중요합니다. 와인 산지는 여러 와인 지구를 포함하는 넓은 지리적 영역으로, 일반적으로 공통된 기후, 지형, 토양 특성으로 정의됩니다. 반면, 와인 지구는 포도 재배와 양조의 전통이 더 집중된 작은 지역으로, 각기 다른 규정과 보호된 명칭을 가지고 있는 경우가 많습니다.

헝가리에서는 토카이를 제외한 각 와인 산지 마다 여러 개의 와인 지구가 있습니다. 와인 산지는 여러 지구의 스타일과 와인이 공통된 지역 정체성으로 통합되는 일종의 "숲"의 역할을 합니다.

BALATON
WINE REGION

BALATON
BORRÉGIÓ

발라톤 와인 산지

The Balaton wine region is Hungary's most diverse and varied wine region, encompassing six wine districts: Badacsony, Balaton-Felvidék (Balaton-Highlands), Balatonboglár, Balatonfüred-Csopak, Somló and Zala. The defining geographical feature of the Balaton wine region is Lake Balaton, Central Europe's largest freshwater lake, which creates a unique microclimate for the surrounding vineyards. The lake's influence on the wines is particularly significant, as it moderates temperature fluctuations and promotes slow, even ripening of the grapes, enriching the wines with fine acidity and complex aromas. However, it's not just Lake Balaton that makes this wine region special. Let's take a closer look at the characteristics of the wine districts within the Balaton wine region.

A Balaton borrégió Magyarország leginkább sokszínű, legváltozatosabb borrégiója, amely hat borvidékkel büszkélkedhet: Badacsony, Balaton-felvidék, Balatonboglár, Balatonfüred–Csopak, Somló és Zala. A Balaton borrégió meghatározó földrajzi eleme a Balaton, Közép-Európa legnagyobb édesvízi tava, amely egyedi mikroklímát biztosít a környező szőlőültetvények számára. A tó kifejezetten jelentős hatást gyakorol az itt készült borokra, mivel mérsékli a hőmérséklet-ingadozásokat és elősegíti a szőlő lassú, egyenletes érését, ami finom savakkal és aromákkal gazdagítja a borokat. De nem csak a Balaton teszi különlegessé ezt a borrégiót. Tekintsük át a Balaton borrégió borvidékeinek a jellegzetességeit!

발라톤 와인 산지는 헝가리에서 가장 다양하고 특색 있는 와인 산지로, 6개의 와인 지구로 이루어져 있습니다: 바다초니(Badacsony), 발라톤 고원(Balaton-Felvidék), 발라톤보글라(Balatonboglár), 발라톤 퓨레드-초팍(Balatonfüred-Csopak), 솜로(Somló), 잘라(Zala) 입니다. 발라톤 와인 산지의 가장 큰 지리적 특징은 중부 유럽에서 가장 큰 담수호인 발라톤 호수로, 주변 포도밭에 독특한 미세 기후를 만들어냅니다. 호수의 영향으로 온도 변동이 완화되고 포도가 천천히 잘 익어가면서 와인에 섬세한 산미와 복합적인 향이 더해집니다. 하지만 발라톤 호수만이 이 와인 지역을 특별하게 만드는 것은 아닙니다. 발라톤 와인 산지 내 와인 지구의 특징을 좀 더 자세히 살펴보겠습니다.

BADACSONY WINE DISTRICT

The Badacsony wine district is located on the northern shore of Lake Balaton, surrounding Badacsony Hill. The soil in this area is of volcanic origin, primarily basalt, which imparts a distinctive minerality and character to the wines. The best-known variety here is Olaszrizling, which produces rich, complex wines, but Kéknyelű, an ancient and rare Hungarian variety, has also found its natural home here. Badacsony wines are known for their high acidity and mineral character, reflecting the unique terroir of the region.

BALATON-FELVIDÉK (BALATON-HIGHLANDS) WINE DISTRICT

The Balaton-Felvidék (Balaton-Highlands) wine district is located on the northern shore of Lake Balaton, mainly in the Tapolca Basin and the Keszthely Hills. This area is characterized by diverse soil composition, which permits the cultivation of various grape varieties. The wines from this wine district, particularly white wines like Olaszrizling and Szürkebarát (Pinot Gris), are especially appreciated for their freshness and elegance. The mineral notes and fine acidity in these wines are due to the volcanic origin of the local soil.

BALATONBOGLÁR WINE DISTRICT

The Balatonboglár wine district is situated on the southern shore of Lake Balaton, where the clayey-sandy soil and high number of hours provide excellent conditions for viticulture. This wine district is one of Hungary's most important production areas for light, fruity wines and fruity sparkling base wines. Popular varieties include Irsai Olivér, Chardonnay and Pinot Blanc, while red wines like Cabernet Sauvignon, Cabernet Franc and Merlot also play a significant role. The wines from the Balatonboglár district are characterized by their fruitiness, elegance and finesse.

BALATONFÜRED-CSOPAK WINE DISTRICT

The Balatonfüred-Csopak wine district is located on the northern shore of Lake Balaton, around the towns of Balatonfüred and Csopak. This area is renowned for its elegant, finely acidic white wines, particularly Olaszrizling, which is the emblematic wine of the wine district. The soil here is very varied, including slate, Permian red sandstone, marl and limestone, all of which impart a distinctive mineral character to the wines. The wines from Balatonfüred-Csopak are elegant, structured and have great ageing potential.

SOMLÓ WINE DISTRICT

The Somló wine district is Hungary's smallest wine district, but its significance far exceeds its size. The volcanic soil of Somló Hill and its unique microclimate give the wines from this area an unparalleled character. Juhfark, alongside Olaszrizling and Hárslevelű, is one of the most important grape varieties here, producing wines with exceptional minerality and high acidity, which have made this district famous. The best wines from Somló are considered fine wines with long ageing potential and complex flavour profiles.

ZALA WINE DISTRICT

The Zala wine district is located west of Lake Balaton, in the rolling hills of Zala County. The slightly cooler climate and predominantly sandy-clay, sometimes volcanic soil of this hilly wine district are ideal for producing white wines, although red wines are also made here. Zala is home to light, playfully elegant wines that are easy to enjoy.

BADACSONYI BORVIDÉK

A Badacsonyi borvidék a Balaton északi partján, a Badacsony-hegy körül helyezkedik el. A borvidék talaja vulkanikus eredetű, főként bazalt, ami speciális ásványosságot és karaktert kölcsönöz a boroknak. A borvidék legismertebb fajtája az Olaszrizling, amely gazdag, komplex borokat kínál, de a Kéknyelű, ez az ősi, ritka magyar fajta szintén itt találta meg természetes otthonát. A Badacsonyi borok magas savtartalmukról és ásványos karakterükről híresek, tükrözve a helyi terroir egyediségét.

BALATON-FELVIDÉKI BORVIDÉK

A Balaton-felvidéki borvidék a Balaton északi partján, főként a Tapolcai-medencében és a Keszthelyi-hegységben húzódik. A területre jellemző a változatos talajösszetétel, amely többféle szőlőfajta termesztését teszi lehetővé. A vidék borai között kiemelkednek a fehérborok, különösen az Olaszrizling és a Szürkebarát, amelyek leginkább frissességük és eleganciájuk miatt kedveltek. A borvidék boraira jellemző mineralitás és a finom savak a környék vulkanikus eredetű talajának köszönhetők.

BALATONBOGLÁRI BORVIDÉK

A Balatonboglári borvidék a Balaton déli partján található, ahol az agyagos-homokos talaj és a napsütéses órák magas száma kiváló feltételeket biztosít a szőlőtermesztéshez. Ez a borvidék az egyik legjelentősebb termőhelye Magyarországon a könnyed, gyümölcsös boroknak és a gyümölcsös pezsgőalapboroknak. A régió borai között az Irsai Olivér, a Chardonnay és a Pinot Blanc különösen népszerűek, de a vörösborok, mint a Cabernet Sauvignon, a Cabernet Franc és a Merlot is kiemelt szerephez jutnak. A Balatonboglári borvidék borait a gyümölcsösség, az elegancia és a finesz jellemzi.

BALATONFÜRED–CSOPAKI BORVIDÉK

A Balatonfüred–Csopaki borvidék a Balaton északi partján, Balatonfüred és Csopak települések környékén terül el. Ez a vidék híres az elegáns, finom savú fehérborairól, főként az Olaszrizlingről, amely a borvidék emblematikus bora. A talaj a térségben igencsak változatos, találunk palát és permi vörös homokkövet, márgát és mészkövet is, ami különleges és jellegzetes ásványos karakterrel gazdagítja a borokat. A Balatonfüred–Csopaki borok elegánsak, strukturáltak és hosszú érlelési potenciállal rendelkeznek.

SOMLÓI BORVIDÉK

A Somlói borvidék Magyarország legkisebb borvidéke, de jelentőségében messze túlszárnyalja a méretét. A Somló hegyének vulkanikus talaja és kivételes mikroklímája miatt a borvidék borai egyedülálló karakterrel bírnak. A Juhfarkból készült bort ásványossága és feszes savai teszik különlegessé – az Olaszrizling és Hárslevelű mellett ez a Somló legfontosabb fajtája. A Somlói borok legszebb tételei nagy boroknak számítanak, hosszú érlelési potenciállal rendelkeznek és összetett ízvilágot kínálnak.

ZALAI BORVIDÉK

A Zalai borvidék a Balatontól nyugatra, Zala megye dombos vidékén található. A lankás terület picit hűvösebb klímája és főként homokos-agyagos, néhol vulkanikus talaja elsősorban a fehérborok készítésének kedvez, de természetesen találunk vörösborokat is a borvidéken. A Zalai borvidék a könnyen fogyasztható, játékosan elegáns borairól vált híressé.

바다초니(BADACSONY) 와인 지구

바다초니 와인 지구는 바다초니 산을 둘러싼 발라톤 호수 북쪽 기슭에 위치해 있습니다. 이 지역의 토양은 주로 현무암으로 이루어진 화산성 토양으로 와인에 독특한 미네랄과 개성을 부여합니다. 여기서 가장 잘 알려진 품종은 올라스리즐링(Olaszrizling)으로, 풍부하고 복합적인 와인을 생산합니다. 또한, 고대의 희귀 토착 품종인 케크넬루 (Kéknyelű)도 이곳에서 유래하고 있습니다. 바다초니 와인은 이 지역의 독특한 테루아를 반영하는 높은 산도와 미네랄 특성으로 유명합니다.

발라톤 고원(BALATON-FELVIDÉK) 와인 지구

발라톤 고원 와인 지구는 발라톤 호수의 북쪽 호수변의 터폴처(Tapolca) 분지와 케스트헤이(Keszthely) 산맥에 걸쳐 있습니다. 다양한 토양 구성으로 각가지의 포도 품종을 재배할 수 있는 것이 특징입니다. 특히 올라스리즐링 (Olaszrizling)과 쑤케바라트(Szürkebarát, 피노 그리)와 같은 발라톤 고원의 화이트 와인은 신선함과 우아함으로 특히 높은 평가를 받고 있습니다. 미네랄 노트와 섬세한 산미는 현지의 화산성 토양으로 인한 것입니다.

발라톤보글라(BALATONBOGLÁR) 와인 지구

발라톤보글라 와인 지구는 발라톤 호수의 남쪽 기슭에 위치해 있으며, 점토와 모래가 섞인 토양과 풍부한 일조량이 포도 재배에 탁월한 조건을 제공합니다. 이 와인 지구는 헝가리에서 가볍고 과실향이 좋은 와인과 과실향의 스파클링 베이스 와인의 생산지 중 하나입니다. 인기 있는 품종으로는 이르샤이 올리베르(Irsai Olivér), 샤도네이, 피노 블랑이 있으며 카베르네 소비뇽, 카베르네 프랑, 메를로와 같은 레드 와인도 큰 비중을 차지합니다. 발라톤보글라 지구의 와인은 과실향, 우아함, 그리고 섬세함이 특징입니다.

발라톤 퓨레드-초팍(BALATONFÜRED-CSOPAK) 와인 지구

발라톤퓨레드-초팍 와인 지구는 발라톤 호수 북쪽 기슭의 발라톤퓨레드(Balatonfüred)와 초팍(Csopak) 마을 주변에 위치해 있습니다. 이 지역은 우아하고 섬세한 산미의 화이트 와인, 특히 이 와인 지구의 상징적인 와인인 올라스리즐링(Olaszrizling)으로 유명합니다. 이곳의 토양은 점판암, 페름기 붉은 사암, 이회토, 석회암 등 매우 다양하며 모두 와인에 독특한 미네랄 특성을 부여합니다. 발라톤퓨레드-초팍의 와인은 우아하고 구조감이 좋으며 뛰어난 숙성 잠재력을 지니고 있습니다.

숌로(SOMLÓ) 와인 지구

숌로 와인 지구는 헝가리에서 가장 작은 와인 지구이지만, 그 중요성은 크기를 훨씬 뛰어넘습니다. 숌로 언덕의 화산 토양과 독특한 미세 기후는 이 지역의 와인에 타의 추종을 불허하는 개성을 부여합니다. 유파르크(Juhfark)는 올라스리즐링(Olaszrizling), 하르쉬레벨루(Hárslevelű)와 함께 이곳에서 가장 중요한 포도 품종 중 하나로, 뛰어난 미네랄과 높은 산도를 지닌 와인을 가능하게 하여 이 지역을 유명하게 만들었습니다. 숌로에서 생산되는 최고급 와인들은 숙성 잠재력이 높고 복합적인 풍미를 지닌 고급 와인으로 꼽힙니다.

잘라(ZALA) 와인 지구

잘라 와인 지구는 발라톤 호수의 서쪽인 잘라 카운티의 구릉지대에 위치해 있습니다. 이 지역의 다소 서늘한 기후와 주로 모래-점토, 일부는 화산 토양으로 이루어진 구릉지대는 화이트 와인 생산에 이상적이지만, 레드 와인도 이곳에서 생산됩니다. 잘라 와인 지구의 와인은 가벼우면서도 유쾌하게 우아해서 쉽게 즐길 수 있습니다.

5 UNMISSABLE EXPERIENCES IN THE BALATON WINE REGION

TASTE OLASZRIZLING FROM DIFFERENT LOCAL WINE DISTRICTS
Olaszrizling is one of the most important grape varieties in the Balaton wine region. It's especially exciting to explore the differences between the wine districts through this variety by tasting Olaszrizling from several local districts side by side. A good starting point is a Csopaki Olaszrizling, which features fresh, fruity notes and distinctive minerality.

VISIT BADACSONY WINE DISTRICT AND TASTE KÉKNYELŰ
The Badacsony wine district is famous for its volcanic soil, which imparts a special minerality to the wines. Explore the local wineries and taste Kéknyelű, a rare and indigenous Hungarian grape variety found almost exclusively in the Badacsony wine district. The wine made from Kéknyelű has particularly fine acidity and mineral notes, making it a true gem for wine enthusiasts.

TAKE A TRIP TO SOMLÓ HILL AND SIP JUHFARK
The Somló wine district is one of the smallest but most unique parts of the Balaton wine region. Somló Hill's volcanic soil is home to Juhfark, a wine known as the "wedding night wine" because legend has it that drinking it increases the chances of having a son. It is said that in the old days, Hungarian nobles and royalty often drank this wine on their wedding night, hoping for a son.

VISIT SZENT GYÖRGY HILL
Szent György Hill is an iconic witness hill of the Balaton-Felvidék (Balaton-Highlands) wine district, offering a stunning panorama as you walk through the vineyards. The wines produced by local wineries have a unique minerality thanks to the volcanic soil of the hill.

TRY LOCAL CHEESES AND WINES WHILE ENJOYING THE VIEW OF LAKE BALATON
The Balaton wine region is home to many local cheesemakers who make delicious artisanal cheeses. Try a wine and cheese tasting where local wines are paired with the region's special cheeses, or simply sit on a hillside and enjoy the landscape, the region's wines and cheeses on a relaxing afternoon.

5 DOLOG, AMIT NE HAGYJ KI
A BALATON BORRÉGIÓBAN

KÓSTOLD MEG A BALATONI OLASZRIZLINGET

Az Olaszrizling a Balaton borrégió egyik legfontosabb szőlőfajtája. Izgalmas játék a fajtán keresztül felfedezni a borvidékek különbségeit, több helyi borvidék Olaszrizlingjét egymás után kóstolva. Jó kiindulási pont egy Csopaki Olaszrizling, amelyet friss, gyümölcsös jegyek és jellegzetes ásványosság jellemez.

LÁTOGASS EL A BADACSONYI BORVIDÉKRE, ÉS KÓSTOLJ KÉKNYELŰT

A Badacsonyi borvidék híres, vulkanikus talaja izgalmas ásványosságot biztosít a boroknak. Fedezd fel a helyi pincészeteket, és kóstold meg a Kéknyelűt, ezt a ritka, őshonos magyar szőlőfajtát, amely szinte kizárólag a Badacsonyi borvidéken található meg. A Kéknyelűből készült bor finom savakkal és ásványos ízjegyekkel rendelkezik, igazi kuriózum a borkedvelők számára.

TEGYÉL EGY KIRÁNDULÁST A SOMLÓ HEGYRE, ÉS IGYÁL JUHFARKOT

A Somlói borvidék a Balaton borrégió egyik legkisebb, ugyanakkor semmi máshoz nem fogható része. A Somló hegy vulkanikus talaja különleges otthont kínál a Juhfarknak, amelyet a nászéjszakák borának is tartanak, mivel a legenda szerint a bor fogyasztása elősegíti a fiúgyermek születését. A régi időkben a magyar nemesek és királyi családok tagjai is gyakran fogyasztották ezt a bort az esküvőjük éjszakáján, remélve, hogy hamarosan fiúörökösük születik.

LÁTOGASS EL A SZENT GYÖRGY-HEGYRE

A Szent György-hegy a Balaton-felvidék egyik ikonikus tanúhegye, ahol a szőlőtőkék között sétálva páratlan panoráma tárul elénk. A helyi borászatok által kínált borok a hegy vulkanikus talajának köszönhetően egyedi ásványossággal rendelkeznek.

PRÓBÁLD KI A HELYI SAJTOKAT ÉS BOROKAT, MIKÖZBEN A BALATON CSODÁS LÁTVÁNYÁT ÉLVEZED

A Balaton borrégióban számos helyi sajtkészítő is otthonra talált, akik finom kézműves sajtokat kínálnak. Vegyél részt egy bor- és sajtkóstolón, ahol a helyi borokat párosítják a régió jellegzetes sajtjaival, vagy egyszerűen csak ülj ki egy domboldalra, és élvezd a tájat és a térség borait, sajtjait egy nyugodt délutánon.

발라톤 와인 산지에서 놓칠 수 없는
다섯 가지 경험

다양한 지구의 올라스리즐링(OLASZRIZLING) 마셔보기
올라스리즐링(Olaszrizling)은 와인 산지 발라톤에서 가장 중요한 포도 품종 중 하나입니다. 여러 지구의 올라스리즐링(Olaszrizling)을 나란히 시음하며 비교하며 와인 지구 간의 차이를 살펴보는 것은 매우 흥미로운 경험이 될 것입니다. 신선하고 프루티한 향과 독특한 미네랄이 특징인 초파키 올라스리즐링 (Csopaki Olaszrizling) 이 좋은 출발점입니다.

바다초니(BADACSONY) 와인 지구에서 케크넬루(KÉKNYELŰ) 와인 테이스팅하기
바다초니 와인 지구는 와인에 특별한 미네랄을 부여하는 화산 토양으로 유명합니다. 현지 와이너리를 둘러보고 바다초니 와인 지구에서만 볼 수 있는 헝가리 토착 품종인 케크넬루(Kéknyelű)를 맛보세요. 케크넬루(Kéknyelű) 로 만든 와인은 특히 섬세한 산도와 미네랄 노트를 지니고 있어 와인 애호가들에게 진정한 보석 같은 와인입니다.

숌로(SOMLÓ) 언덕에서 유파르크(JUHFARK) 와인 마셔보기
숌로 와인 지구는 발라톤 와인 산지에서 가장 작지만 가장 독특한 지역 중 하나입니다. 숌로 언덕의 화산 토양에서 자란 유파르크(Juhfark)로 만든 와인을 마시면 아들을 낳을 확률이 높아진다는 전설 때문에 '첫날밤의 와인'으로 알려져 있는데요. 옛날에는 헝가리 귀족과 왕족들이 결혼식 날 밤에 아들을 기대하며 이 와인을 마셨다고 전해집니다.

센트 죄르지(SZENT GYÖRGY) 언덕 방문하기
센트 죄르지 언덕은 발라톤 고원 와인 지구의 상징적인 증인언덕(Witness Hill, 역: 침식 구릉)으로, 언덕 위 포도밭 사이를 걸으며 멋진 파노라마를 감상할 수 있습니다. 현지 와이너리에서 생산하는 와인은 언덕의 화산 토양 덕분에 독특한 미네랄을 지니고 있습니다.

발라톤 호수의 경치를 즐기며 현지 치즈와 와인 맛보기
발라톤 와인 지역에는 맛있는 수제 치즈를 생산하는 치즈 제조업체들이 많습니다. 지역의 와인과 치즈를 함께 맛보는 테이스팅을 해보거나, 언덕에 앉아 발라톤 호수의 경치를 감상하며 와인과 치즈를 여유롭게 즐기는 오후를 보내보세요.

DANUBE WINE
REGION

DUNA BORRÉGIÓ

다뉴브 와인 산지

The Danube wine region is the largest wine region in Hungary, located on the flatlands between the Danube and Tisza rivers. It encompasses three major wine districts: Csongrád, Hajós-Baja and Kunság. This region holds a special place in Hungarian wine culture due to the extensive area of vineyards and the wide range of grape varieties. The wines here are true 21st-century wines, offering great value for money, being light and fruity, and having naturally lower alcohol.

CSONGRÁD WINE DISTRICT
The Csongrád wine district is located in southeastern Hungary, along the Tisza River. This district is particularly known for its sandy soils and sunny climate. The wines from this area, especially light and fruity white wines such as Irsai Olivér and Cserszegi Fűszeres, stand out. Among the red wines, Kékfrankos and Kadarka are the most significant, offering a lighter, fruitier character that pairs excellently with local cuisine. These wines are mainly available directly from local winemakers.

HAJÓS-BAJA WINE DISTRICT
Hajós-Baja wine district is situated along the Danube in Bács-Kiskun County. The soil in this district is primarily loess, but there is also the unique "Bácskai fekete föld" (Bácska black soil). The soil here warms up quickly, allowing the grapes to ripen early and enabling an early harvest. The most best-known wines of this district include Kadarka, which thrives particularly well here, and Kékfrankos, which is also widely grown. Among the white wines, in addition to aromatic Hungarian varieties, Olaszrizling stands out for its fresh, lively acidity and fruity flavours.

KUNSÁG WINE DISTRICT
Kunság wine district is the largest wine district in Hungary, famous for its extensive sandy areas, and is located in the heart of the Great Hungarian Plain (Alföld). This district is the most significant wine-producing area in the region, where producers mainly create light, fruity, refreshing wines, which are excellent for everyday consumption due to their outstanding value for money. Among the wines from Kunság, Irsai Olivér and Cserszegi Fűszeres are particularly popular, but red wines like Kékfrankos and Zweigelt also play an important role.

A Duna borrégió Magyarország legnagyobb területű borrégiója, amely a Duna és a Tisza folyók közötti síkvidéken terül el. Három nagy borvidéket foglal magában: a Csongrádi, a Hajós–Bajai és a Kunsági borvidékeket. Ez a régió kiemelt szerepet tölt be a magyar borkultúrában, mivel a szőlőültetvények kiterjedt területe és a szőlőfajták széles skálája jellemzi. Az itteni borok igazi 21. századi borok: kifejezetten jó az ár-érték arányuk, könnyedek, gyümölcsösek, és természetes adottságuknál fogva visszafogottabb az alkoholtartalmuk.

CSONGRÁDI BORVIDÉK
A Csongrádi borvidék Magyarország délkeleti részén, a Tisza folyó mentén helyezkedik el. Ez a borvidék főként homokos talajáról és napsütéses klímájáról ismert. A vidék borai közül elsősorban a könnyű, gyümölcsös fehérborok emelkednek ki, mint például az Irsai Olivér és a Cserszegi Fűszeres, a vörösborok között pedig a Kékfrankos és a Kadarka a legjelentősebb, amelyek könnyedebb, gyümölcsös karaktert mutatnak, és kiválóan illenek a helyi gasztronómia ételeihez. Ezekkel a borokkal főként helyi borászoknál találkozhatunk.

HAJÓS–BAJAI BORVIDÉK
A Hajós–Bajai borvidék a Duna mentén, Bács-Kiskun megyében található. A vidék löszös talajú, de a környék részét képezi a különleges bácskai fekete föld is. A talaj itt könnyen felmelegszik, így a szőlő gyorsan érik, ezért korán lehet szüretelni. A borvidék legismertebb borai között a Kadarkát tartjuk számon, amely kifejezetten jól érzi magát ezen a vidéken, valamint a Kékfrankost, amely szintén széles körben elterjedt. A fehérborok közül az illatos magyar fajták mellett az Olaszrizling emelkedik ki, de mindegyik friss, élénk savakkal és gyümölcsös ízvilággal rendelkezik.

KUNSÁGI BORVIDÉK
A Kunsági borvidék Magyarország legnagyobb borvidéke, kiterjedt homokos területeiről híres, és az Alföld szívében található. Ez a borvidék a régió legjelentősebb borászati vidéke, ahol a termelők főként könnyű, gyümölcsös és frissítő borokat állítanak elő, amelyek kitűnő ár-érték arányuknak köszönhetően mindennapi fogyasztásra is alkalmasak. A Kunsági borok közül az Irsai Olivér és a Cserszegi Fűszeres rendkívül népszerűek, de a vörösborok, mint a Kékfrankos és a Zweigelt is fontos szerepet játszanak.

다뉴브 와인 산지는 헝가리에서 가장 넓은 와인 지역으로, 다뉴브강과 티사강(Tisza) 사이의 평야에 위치하고 있습니다. 이곳에는 세 개의 주요 와인 지구인 총가르드(Csongrád), 하요시-바야(Hajós-Baja), 그리고 쿤샤그 (Kunság)가 있습니다. 이 지역은 넓은 포도밭 면적과 다양한 포도 품종으로 인해 헝가리 와인 문화에서 특별한 입지를 가지고 있습니다. 이곳의 와인은 진정한 신세대 와인으로, 가성비가 좋고 가볍고 과일 향이 나며 알코올 도수가 낮습니다.

총가르드 (CSONGRÁD) 와인 지구

총가르드 와인 지구는 헝가리 남동부 티사강(Tisza)을 따라 위치해 있습니다. 이 지구는 특히 모래 토양과 일조량이 많은 기후로 유명합니다. 이 곳에서 생산되는 와인, 특히 이르샤이 올리베르(Irsai Olivér)와 체르세기 푸세레쉬 (Cserszegi Fűszeres) 같이 가볍고 과실향이 풍부한 화이트 와인이 유명합니다. 레드 와인 중에서는 킥프랑코쉬 (Kékfrankos)와 카다르카(Kadarka)가 가장 유명하며, 이들 와인은 가벼우면서도 과실향이 풍부해 로컬 요리와도 잘 어울립니다. 이 와인들은 주로 현지 와인 생산자들로부터 직접 구입할 수 있습니다.

하요시-바야(HAJÓS-BAJA) 와인 지구

하요시-바야 와인 지구는 바츠-키스쿤(Bács-Kiskun) 카운티의 다뉴브 강변에 위치해 있습니다. 토양은 주로 황토이지만 독특한 "바츠카 검은 토양(Bácskai fekete föld)" 도 있습니다. 이곳의 토양은 빠르게 온도가 올라가 포도가 일찍 익어 조기 수확이 가능합니다. 이 지구에서 가장 잘 알려진 와인에는 이곳에서 특히 잘 자라는 카다르카 (Kadarka)와 널리 재배되는 킥프랑코쉬(Kékfrankos)가 포함됩니다. 화이트 와인 중에는 아로마틱한 헝가리 토착 품종 외에도 신선하고 생동감 있는 산미와 과실향이 특징인 올라스리즐링(Olaszrizling)이 있습니다

쿤샤그 (KUNSÁG) 와인 지구

쿤샤그 와인 지구는 헝가리에서 가장 큰 와인 지구로, 광활한 모래밭으로 유명하며 헝가리 대평원(알푈드)의 중심부에 위치하고 있습니다. 이 지구는 다뉴브 와인 산지에서 가장 중요한 와인 생산지로, 주로 가볍고 과실향이 풍부하며 신선한 와인들이 생산됩니다. 이러한 와인들은 뛰어난 가성비 덕분에 일상적으로 즐기기 좋습니다. 쿤샤그에서 생산되는 와인 중에서는 이르샤이 올리베르(Irsai Olivér)와 체르세기 푸세레쉬(Cserszegi Fűszeres) 가 특히 인기가 많지만 킥프랑코쉬(Kékfrankos), 츠바이겔트(Zweigelt)와 같은 레드 와인도 중요한 비중을 차지하고 있습니다.

5 UNMISSABLE EXPERIENCES IN THE DANUBE WINE REGION

TASTE A GLASS OF KUNSÁGI IRSAI OLIVÉR

Irsai Olivér is a fragrant, fruity white wine that is especially popular from the Kunság wine district. This light, refreshing wine is a perfect choice for a summer day and is one of the most characteristic wines of the Danube wine region.

VISIT THE HAJÓS CELLAR VILLAGE

The Hajós-Baja wine district is known for its famous cellar village, which consists of hundreds of wine cellars lined up side by side. Here, you have the opportunity to taste different wines while discovering the unique wine culture of the area. The village's unique atmosphere, friendly winemakers and local foods offer an unforgettable experience.

EXPLORE THE CITY OF KALOCSA AND ITS PAPRIKA CULTURE

Kalocsa, located near the Hajós-Baja wine district, is particularly famous for its paprika, one of the key spices in Hungarian cuisine. Visit the Paprika Museum to learn about the process of cultivating and processing paprika. The city also has several restaurants offering local dishes flavoured with the famous Kalocsa paprika.

VISIT KISKUNSÁG NATIONAL PARK

Kiskunság National Park, one of Hungary's largest nature reserves, is also located in the Danube wine region. The park's unique landscape, with its sand dunes and alkaline lakes, offers a special experience for nature lovers. The area is home to many bird species, and visitors can enjoy hiking, horseback riding and cycling along the trails.

TRY A TRADITIONAL ALFÖLDI DISH

The Danube wine region is famous for its culinary specialties, particularly "bográcsos" dishes, which are stews cooked in a cauldron over an open fire. Try a traditional Alföld-style goulash or pörkölt, and enjoy it alongside the unique flavours of the region's wines.

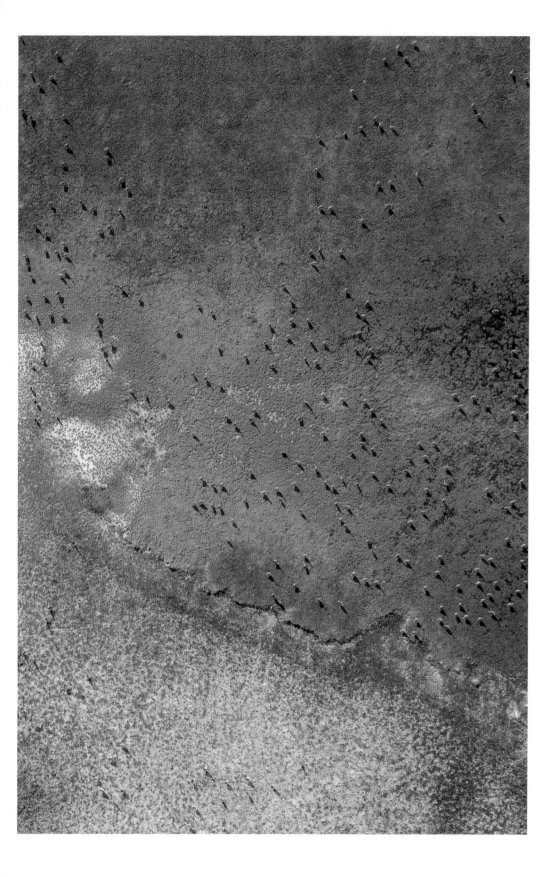

5 DOLOG, AMIT NE HAGYJ KI A DUNA BORRÉGIÓBAN

KÓSTOLJ EGY POHÁR KUNSÁGI IRSAI OLIVÉRT

Az Irsai Olivér egy illatos, gyümölcsös fehérbor, amely nagy népszerűségnek örvend a Kunsági bor-vidéken. Ez a fajta könnyed, frissítő bor tökéletes választás egy nyári napon, ha a Duna borrégió egyik legjellegzetesebb borát akarjuk élvezni.

LÁTOGASS EL A HAJÓSI PINCEFALUBA

A Hajós–Bajai borvidék nevezetessége a híres pincefalu, amely több száz, egymás mellett sorakozó borospincéből áll, ahol lehetőségünk nyílik különböző borokat kóstolni, miközben a helyi borkultúra sajátosságait is felfedezhetjük. A pincefalu egyedi atmoszférája, a barátságos borászok és a helyi ételek kihagyhatatlan élményekkel gazdagítják a vendégeket.

ISMERD MEG KALOCSA VÁROSÁT ÉS A PAPRIKAKULTÚRÁT

Kalocsa a Hajós–Bajai borvidék közelében található, és különösen híres a paprikájáról, amely a magyar konyha egyik alapfűszere. Látogass el a Paprika Múzeumba, ahol megismerheted a paprika termesztésének és feldolgozásának folyamatát. A városban számos étterem kínál helyi ételeket, amelyeket a híres kalocsai paprika ízesít.

LÁTOGASS EL A KISKUNSÁGI NEMZETI PARKBA

Magyarország egyik legnagyobb természetvédelmi területe, a Kiskunsági Nemzeti Park szintén a Duna borrégióban található. Az egyedi tájat, a homokdűnéket és a szikes tavakat a természetkedvelő látogatók nem fogják feledni. A terület számos madárfajnak ad otthont, és a túraútvonalak mellett lovaglásra és kerékpározásra is van lehetőség.

KÓSTOLJ MEG EGY TRADICIONÁLIS ALFÖLDI BOGRÁCSOS ÉTELT

A Duna borrégió híres a gasztronómiai különlegességeiről, amelyek közül a bográcsos ételek a leg-inkább népszerűek. Próbálj ki egy hagyományos alföldi gulyást vagy pörköltöt, amelyet szabad tűzön főznek, és élvezd kísérőként a régió borainak egyedi ízvilágát.

다뉴브 와인 산지에서 놓칠 수 없는
다섯 가지 경험

쿤샤그의 이르샤이 올리베르(IRSAI OLIVÉR) 테이스팅하기

이르샤이 올리베르(Irsai Olivér)는 향긋하고 과실향이 가득한 화이트와인으로, 특히 쿤샤그 와인 지구에서 인기가 많습니다. 가볍고 상쾌한 이 와인은 여름날에 딱 어울리며, 다뉴브 와인 지구를 대표하는 와인 중 하나입니다.

하요시-바야 와인 지구의 셀러 마을 방문하기

하요시-바야 와인 지구에는 수백 개의 와인 셀러가 줄지어 있어, 와인 셀러 마을로 유명합니다. 다양한 와인을 시음하고 이 지역 고유의 와인 문화를 경험할 수 있습니다. 마을의 독특한 분위기, 친절한 와인 생산자들, 그리고 로컬 음식은 잊지 못할 경험을 선사할 것입니다.

칼록사(KALOCSA)와 파프리카 관련 식문화 탐험하기

하요시-바야 와인 지구 근처에 위치한 칼록사는 헝가리 음식의 주요 향신료 중 하나인 파프리카로 특히 유명합니다. 파프리카 박물관을 방문해서 파프리카 재배 및 가공 과정에 대해 알아보세요. 칼록사산 파프리카로 맛을 낸 현지 요리를 제공하는 로컬 레스토랑도 여러 개 있습니다.

키슈쿤샤그(KISKUNSÁG) 국립공원 방문하기

헝가리에서 가장 큰 자연 보호구역 중 하나인 키슈쿤샤그 국립공원도 다뉴브 와인 산지에 위치해 있습니다. 모래 언덕과 알칼리성 호수가 있는 이 공원의 독특한 풍경은 자연 애호가들에게 특별한 경험을 선사하죠. 특히 다양한 새들의 서식지인 이 지역에서는 하이킹, 승마, 자전거 타기 등의 활동을 즐길 수 있습니다.

전통적인 알푈디 (ALFÖLDI) '보그라초시(BOGRÁCSOS)' 요리 맛보기

다뉴브 와인 산지는 야외에서 솥에 끓이는 스튜인 보그라초시 요리로 유명합니다. 전통적인 알푈디 스타일의 구야쉬(굴라쉬, gulyás)나 푀르켈트(pörkölt)를 맛보며 이 지역 와인의 독특한 풍미를 함께 즐겨보세요.

UPPER HUNGARY
WINE REGION

FELSŐ-
MAGYARORSZÁG
BORRÉGIÓ

상부 헝가리 와인 산지

The Upper Hungary wine region is a mountainous wine-producing area in Hungary, renowned for its famous wines, natural beauty and rich cultural heritage. The diversity and quality of the region's wines reflect the varied soil and climatic conditions, which permit the cultivation of different grape varieties and the application of various winemaking styles. The region's wines, particularly Egri Bikavér and Egri Csillag, are recognized not only in Hungary but also internationally.

EGER WINE DISTRICT

The Eger wine district is the most well-known and significant wine district in the Upper Hungary wine region, located around the city of Eger. The district is famous for its historical significance and unique winemaking traditions. The soil in this region is primarily composed of volcanic tuff and limestone, which are ideal for viticulture. The iconic wine of the Eger wine district is Egri Bikavér, a special blend containing at least three grape varieties. The backbone of Egri Bikavér is Kékfrankos, which is blended with other local and international varieties such as Kadarka or Cabernet Sauvignon. The Eger wine district is renowned not only for its red wines but also for its highly regarded white wines. Egri Csillag, a local white blend, is a fresh, fruity wine that is easy to drink and well represents the character of the wine district. The complex flavours, high acidity and ageing potential of Eger wines make them sought after both in Hungary and internationally.

MÁTRA WINE DISTRICT

The Mátra wine district is located on the southern slopes of the Mátra Mountains and is one of Hungary's largest wine districts. The area benefits from a unique microclimate, protected by the mountains, and volcanic soil, which together create excellent conditions for viticulture. The Mátra wine district is primarily known for its white wines, which are fresh, fruity and often have a mineral character. The most significant grape varieties in the district are Olaszrizling, Szürkebarát (Pinot Gris) and Sauvignon Blanc, but in recent years, red wines, particularly Kékfrankos, have also attracted increasing attention.

BÜKK WINE DISTRICT

The Bükk wine district is situated between Eger and Miskolc, on the southern slopes of the Bükk Mountains. This district is less well-known than the Eger or Mátra wine districts, but local winemakers are becoming increasingly active. The unique feature of the Bükk wine district's soil is the presence of rhyolite tuff, which retains heat and moisture well, providing a special microclimate for viticulture. The wines from this district are typically light, fresh and often have lively acidity. Among the white wines, Olaszrizling, Chardonnay and Zenit are the most prominent, while Kékfrankos and Zweigelt are the most common red varieties. The district also produces sparkling wines (tank method).

A Felső-Magyarország borrégió, Magyarország hegyvidéki borkészítésének területe számos jelentős borral büszkélkedhet. Ez a régió történelmi borairól, természeti szépségeiről és gazdag kulturális örökségéről ismert. A borok sokszínűsége és minősége jól tükrözi a változatos talaj- és klímaadottságokat, amelyek lehetővé teszik a különböző szőlőfajták termesztését és borkészítési stílusok alkalmazását. A régió borai, főként az Egri Bikavér és az Egri Csillag nemcsak Magyarországon, hanem a nemzetközi piacon is komoly tekintélynek örvendenek.

EGRI BORVIDÉK

Az Egri borvidék a Felső-Magyarország borrégió legismertebb és legjelentősebb borvidéke, amely Eger városának környékén helyezkedik el. A borvidék híres történelmi múltjáról és különleges borkészítési hagyományairól. A térség talaját főként vulkanikus eredetű tufa és mészkő alkotják, amelyek kiválóan alkalmasak a szőlőtermesztésre. Az Egri borvidék ikonikus bora az Egri Bikavér, amely egy izgalmas házasítás, és legalább három szőlőfajtát olvaszt egybe. Alapja a Kékfrankos, amelyhez más helyi és nemzetközi fajtákat, mint például a Kadarkát vagy a Cabernet Sauvignont házasítanak. Az Egri borvidék nemcsak vörösborairól híres, hanem fehérborai is kivívták az elismerést. Az Egri Csillag a fehér házasítások helyi változata. Ez a friss, gyümölcsös bor könnyedén fogyasztható, és jól tükrözi a borvidék karakterét. Az Egri borok komplex ízviláguk, magas savtartalmuk és érlelési potenciáljuk miatt nemcsak Magyarországon, hanem nemzetközi szinten is keresettek.

MÁTRAI BORVIDÉK

A Mátrai borvidék a Mátra hegység déli lejtőin terül el, és Magyarország egyik legnagyobb borvidéke. A terület speciális mikroklímája, amelyet a hegyek védelme biztosít, valamint a vulkanikus talaj kiváló feltételeket teremt a szőlőtermesztéshez. A Mátrai borvidék elsősorban fehérborairól híres, amelyek frissek, gyümölcsösek és gyakran ásványos karakterűek. Az Olaszrizling, a Szürkebarát és a Sauvignon Blanc a vidék legjelentősebb szőlőfajtái, de a borvidéken az utóbbi években a vörösborok, nevezetesen a Kékfrankos is egyre nagyobb figyelmet kap.

BÜKKI BORVIDÉK

A Bükki borvidék Eger és Miskolc között, a Bükk hegység déli lejtőin található. Ez a borvidék kevésbé ismert, mint az Egri vagy a Mátrai borvidék, a helyi borászai viszont egyre aktívabbak. A Bükki borvidék talajának sajátossága a riolittufa, amely kiválóan megtartja a hőt és a nedvességet, ezáltal különleges mikroklímát kínál a szőlőtermesztéshez. A borvidék borai könnyedek, frissek, és gyakran élénk savtartalommal rendelkeznek. A fehérborok közül az Olaszrizling, a Chardonnay és a Zenit a legjelentősebbek, míg a vörösborok közül a Kékfrankos és a Zweigelt a leggyakoribb, de tankpezsgők is készülnek a borvidéken.

상부 헝가리 와인 산지는 헝가리의 산악 지대에 위치한 와인 생산지로, 와인을 비롯하여 아름다운 자연 경관과 풍부한 문화유산으로 잘 알려져 있습니다. 다양한 토양 및 기후 조건은 다양한 포도 품종을 재배하고 여러 가지 와인 양조 방식을 적용할 수 있게 해줍니다. 특히 에그리 비카베르(Egri Bikavér)와 에그리 칠락(Egri Csillag)과 같은 이 지역의 와인은 헝가리 뿐만 아니라 국제적으로도 높은 인정을 받고 있습니다.

에게르(EGER) 와인 지구

에게르 와인 지구는 상부 헝가리 와인 산지에서 가장 잘 알려져 있고 중요한 와인 지구로, 에게르 시 주변에 위치해 있습니다. 이 지구는 역사적 중요성과 독특한 와인 양조 방식으로 유명하고, 토양이 주로 화산재와 석회암으로 이루어져 있어 포도 재배에 이상적입니다. 에게르 와인 지구의 대표적인 와인은 에그리 비카베르(Egri Bikavér)로, 최소 세 가지 포도 품종을 혼합하여 만든 특별한 블렌딩 와인입니다. 에그리 비카베르의 기본은 킥프랑코쉬(Kékfrankos)이며, 카다르카(Kadarka)나 카베르네 소비뇽과 같은 토착 및 국제 품종과 블렌딩됩니다. 에게르 와인 지구는 레드 와인뿐만 아니라 훌륭한 화이트 와인으로도 유명합니다. 이 지역의 블렌딩 화이트 와인인 에그리 칠락(Egri Csillag)은 신선하고 과일 향이 풍부하며 쉽게 마실 수 있고, 에게르 지구의 특징을 잘 보여줍니다. 에게르 와인은 복합적인 풍미, 높은 산도, 그리고 숙성 가능성으로 인해 헝가리에서는 물론 국제적으로도 높은 인기를 끌고 있습니다.

마트라(MÁTRA) 와인 지구

마트라 와인 지구는 마트라 산맥의 남쪽 경사면에 위치하고 있으며 헝가리에서 가장 큰 와인 지구 중 하나입니다. 마트라 산맥에 의해서 보호받는 독특한 미세기후와 화산토 덕분에 포도 재배에 최적의 조건을 갖추고 있습니다. 마트라 와인 지구는 주로 신선하고 과실향이 나며 미네랄이 있는 화이트 와인으로 유명합니다. 이 지역에서 가장 중요한 포도 품종은 올라스리즐링(Olaszrizling), 쑤케바라트(Szürkebarát, 피노 그리), 소비뇽 블랑이지만 최근에는 레드 와인, 특히 킥프랑코쉬(Kékfrankos)도 주목을 받고 있습니다.

뷔크(BÜKK) 와인 지구

뷔크 와인 지구는 뷔크 산맥의 남쪽 경사면인 에게르와 미스콜츠(Miskolc) 사이에 위치해 있습니다. 이 지구는 에게르나 마트라 와인 지구에 비해 덜 알려져 있지만, 현지 와인 생산자들의 활동이 점점 더 활발해지고 있는 곳입니다. 뷔크 와인 지구의 토양은 열과 수분을 잘 보존하는 유문암 화산재가 특징으로, 포도 재배에 특별한 미세기후를 제공합니다. 뷔크 지구에서 생산되는 와인은 대체로 가볍고 신선하며, 생동감 있는 산미가 특징입니다. 화이트 와인 중에서는 올라스리즐링(Olaszrizling), 샤도네이, 제니트(Zenit)가 가장 두드러지며, 레드 와인으로는 킥프랑코쉬(Kékfrankos)와 츠바이겔트(Zweigelt)가 주로 재배됩니다. 샤르마 방식으로 생산된 스파클링 와인도 생산합니다.

5 UNMISSABLE EXPERIENCES IN THE UPPER HUNGARY WINE REGION

TRY A GLASS OF EGRI BIKAVÉR

Egri Bikavér, one of Hungary's most famous red wines, is the flagship of the region. This blend is made from multiple grape varieties, with Kékfrankos as its backbone and is known for its rich, complex flavour profile. Egri Bikavér pairs wonderfully with the paprika-rich dishes of Hungarian cuisine, so try it on its own or with a hearty stew.

VISIT THE CASTLE OF EGER

Eger Castle is not only of historical significance but also one of the city's top tourist attractions. It's a true journey back in time, where you can learn about the 1552 Turkish siege and enjoy the view of the city. Nearby bistros and wine bars offer the chance to taste local wines.

HIKE IN THE MÁTRA MOUNTAINS AND TASTE A GLASS OF LOCAL WINE

The Mátra mountains are famous not only for their wines but also for their natural beauty. Hike to Kékestető, Hungary's highest point, or explore Sástó and the surrounding forests. After your hike, relax at a local winery and sample the district's wines.

VISIT EGERSZALÓK AND ENJOY THE THERMAL WATERS

Egerszalók is famous for its thermal springs, where you can relax among unique limestone formations in healing waters. After bathing, visit a nearby winery and enjoy local wines as the perfect end to a relaxing day.

TRY AN EGRI CSILLAG

Egri Csillag is the region's famous white blend, made from multiple grape varieties with a fresh, fruity character. This wine is perfect for pairing with a light lunch or for enjoying on a summer afternoon.

5 DOLOG, AMIT NE HAGYJ KI A FELSŐ-MAGYARORSZÁG BORRÉGIÓBAN

KÓSTOLJ MEG EGY POHÁR EGRI BIKAVÉRT
Az Egri Bikavér, Magyarország egyik legismertebb vörösbora, a régió zászlóshajója. Ez a házasítás több szőlőfajtából készül, alapja a Kékfrankos, és gazdag, komplex ízvilágáról ismert. A Bikavér remekül passzol a magyar konyha paprikás fogásaihoz, csodás választás egy pörkölt mellé, de önmagában is kipróbálhatod.

LÁTOGASS EL AZ EGRI VÁRBA
Az egri vár történelmi jelentősége folytán a város egyik legfontosabb turisztikai látványossága. Igazi időutazásban lehet részed, amely során megismerkedhetsz az 1552-ben zajló török ostrom történetével, és gyönyörködhetsz a városra nyíló kilátásban. A vár környékén található bisztrókban, borbárokban csodás helyi borokat is kóstolhatsz.

KIRÁNDULJ A MÁTRÁBAN, ÉS ÍZLELJ MEG EGY POHÁR MÁTRAI BORT
A Mátra hegység nemcsak a borairól, de természeti szépségeiről is híres. Tegyél egy kirándulást a Kékestetőre, Magyarország legmagasabb pontjára, vagy fedezd fel a Sástót és a környező erdőket. A túrázás után pedig pihenj meg egy helyi borászatban, ahol megízlelheted a térség borait.

LÁTOGASS EL EGERSZALÓKRA, ÉS ÉLVEZD A GYÓGYVIZEKET
Egerszalók a termálforrásairól nevezetes. A különleges mészkőképződmények között található gyógyfürdők pihentető kikapcsolódást nyújtanak, a fürdőzés után pedig ellátogathatunk egy közeli pincészetbe is, hogy a nap zárásaként megkóstoljuk a helyi borokat.

TÖLTS MAGADNAK EGY POHÁR EGRI CSILLAGOT
Az Egri Csillag a régió híres fehér házasítása, amely több szőlőfajtából készül, friss, gyümölcsös karakterrel. Ez a bor tökéletes választás egy könnyed ebéd mellé vagy nyár délutáni borozáshoz.

상부 헝가리 와인 산지에서 놓칠 수 없는
다섯 가지 경험

에그리 비카베르(EGRI BIKAVÉR) 한 잔 테이스팅하기
헝가리에서 가장 유명한 레드 와인 중 하나인 에그리 비카베르는 이 지역의 대표 와인입니다. 킥프랑코쉬(Kékfrankos)를 기본으로 여러 포도 품종으로 블렌딩한 이 와인은 풍부하고 복합적인 풍미로 유명합니다. 에그리 비카베르는 파프리카로 맛을 낸 헝가리 요리와 특히 잘 어울립니다. 와인만 따로 마시거나 진한 스튜와 함께 즐겨보세요.

에게르(EGER) 성 방문하기
에게르 성은 역사적으로 중요할 뿐만 아니라 도시의 주요 관광 명소 중 하나입니다. 이곳에서 1552년 터키의 포위 작전과 관련된 역사를 배울 수 있으며, 도시의 멋진 전망을 즐길 수 있습니다. 근처의 비스트로와 와인 바에서 로컬 와인을 맛볼 기회도 놓치지 마세요.

마트라 산맥에서 하이킹 후 로컬 와인 테이스팅하기
마트라 산맥은 와인뿐만 아니라 아름다운 자연 경관으로도 유명합니다. 헝가리에서 가장 높은 지점인 케케슈테퇴(Kékestető)에 올라가거나 사슈토(Sástó)와 주변 숲을 탐험해 보세요. 하이킹 후에는 로컬 와이너리에서 와인을 테이스팅하며 휴식을 취해보세요.

에게르샬록(EGERSZALÓK)에서 온천욕하기
에게르샬록은 독특한 석회암 지대의 건강 증진 효과가 있는 온천수로 유명합니다. 온천욕 후에는 근처 와이너리를 방문해 로컬 와인을 즐기며 편안한 하루를 마무리하세요.

에그리 칠락(EGRI CSILLAG) 테이스팅 하기
에그리 칠락은 여러 포도 품종을 블렌딩하여 만든 이 지역의 유명한 화이트와인으로 신선하고 과실향이 풍부합니다. 가벼운 점심식사와 곁들이거나 여름 오후에 즐기기에 딱 좋은 와인입니다.

UPPER PANNON WINE REGION

FELSŐ-PANNON BORRÉGIÓ

상부 판논 와인 산지

The Upper Pannon wine region is one of Hungary's most dynamically developing wine regions, encompassing five wine districts: Etyek-Buda, Mór, Neszmély, Pannonhalma and Sopron. These wine districts are located in the northern part of Transdanubia, west of Budapest. The wines from this region, particularly Etyek-Buda sparkling wines, Mór's Ezerjó, Neszmély's white wines, Pannonhalma's elegant, cool-climate wines and Soproni Kékfrankos, are well-known and appreciated internationally.

ETYEK-BUDA WINE DISTRICT

The Etyek-Buda wine district is located near Budapest, making it one of the most accessible wine districts in Hungary. Historically, this district has been the centre of sparkling wine production, a tradition that has enjoyed continuous popularity since the late 19th century. The district's limestone soils and cool climate are ideal for producing high-acid, fresh wines, particularly base wines for sparkling production. The most important grape varieties cultivated here include Chardonnay, Sauvignon Blanc and Pinot Noir, which are well-suited for both sparkling wines and elegant still white and red wines.

MÓR WINE DISTRICT

The Mór wine district is located at the foot of the Vértes Mountains and is one of Hungary's smallest wine districts. Its unique microclimate, influenced by the protection of the mountainous terrain and the cool weather, permits the production of fresh, high-acid white wines. The most best-known grape variety in the Mór wine district is Ezerjó, which is also the emblematic wine of the district. Wines made from Ezerjó are characterized by high acidity, vibrant fruitiness and long ageing potential.

NESZMÉLY WINE DISTRICT

The Neszmély wine district is located on the right bank of the Danube river, nestled between the Gerecse and Vértes Hills. The district has a moderate climate and loess-dominated soils, which are particularly favourable for growing white grape varieties. The wines from Neszmély are known for their freshness, fruity character and elegant acidity. The most important grape varieties in this district include Chardonnay, Sauvignon Blanc and aromatic Hungarian varieties like Irsai Olivér, Cserszegi Fűszeres and Királyleányka.

PANNONHALMA WINE DISTRICT

The Pannonhalma wine district is one of the oldest in Hungary and is located around the Pannonhalma Archabbey. The history of this wine district is closely intertwined with the history of the abbey, where viticulture and winemaking have been practised for centuries. The district's soils are primarily loess, and the cool climate provides excellent conditions for producing elegant white wines and light red wines. The most best-known grape varieties include Riesling, Sauvignon Blanc and Tramini, which are used to produce fresh, aromatic white wines. In recent years, winemakers in Pannonhalma have increasingly turned to red wines, with Pinot Noir and Cabernet Franc playing a growing role in local wine production. Pannonhalma wines are renowned for their refinement, balance and long ageing potential.

SOPRON WINE DISTRICT

The Sopron wine district is located on Hungary's western border, next to Austria, and is one of the oldest wine districts in the Carpathian Basin. The wine district's soils are primarily composed of schist and limestone, and the cool climate is ideal for growing elegant Kékfrankos, the district's most important grape variety. In addition to Kékfrankos, other significant varieties in the Sopron wine district include Zöld Veltelini (Grüner Veltliner) and Zweigelt. Sopron wines are characterized by high acidity, fruity flavours and fine tannins, giving them excellent ageing potential.

A Felső-Pannon borrégió Magyarország egyik legdinamikusabban fejlődő borrégiója, amely öt borvidékből áll: Etyek–Budai, Móri, Neszmélyi, Pannonhalmi és Soproni borvidék. Ezek a borvidékek a Dunántúl északi részén, Budapesttől nyugatra helyezkednek el. A régió borai, különösen az Etyek–Budai pezsgők, a Móri Ezerjó, a neszmélyi fehérborok, az elegáns, visszafogottabb stílusú pannonhalmi borok és a Soproni Kékfrankos nemzetközi szinten is ismert és kedvelt tételek.

ETYEK–BUDAI BORVIDÉK

Az Etyek–Budai borvidék Budapest közvetlen környezetében, a főváros nyugati kapujánál található. Közelsége a fővároshoz az egyik legkönnyebben megközelíthető borvidékké teszi Magyarországon. Az Etyek–Budai borvidék hagyományosan a pezsgőkészítés központja, és mint ilyen, a 19. század vége óta töretlen népszerűségnek örvend. A borvidék talaja mészköves, klímája pedig hűvös, ami alkalmassá teszi a savasabb, friss borok, különösen a pezsgőalapborok előállítására. A borvidéken termesztett legfontosabb szőlőfajták közé tartozik a Chardonnay, a Sauvignon Blanc és a Pinot Noir, amelyek mind a pezsgőkészítéshez, mind pedig az elegáns fehérborok és vörösborok előállításához ideálisak.

MÓRI BORVIDÉK

A Móri borvidék a Vértes hegység lábánál helyezkedik el, és Magyarország egyik legkisebb borvidéke. Különleges mikroklímáját a hegyek védelme és a hűvös időjárás határozzák meg, ami lehetővé teszi a friss, savas fehérborok előállítását. A Móri borvidék legismertebb szőlőfajtája és egyben az emblematikus bora az Ezerjó. Az Ezerjóból készült borok magas savtartalommal, izgalmas, élénk gyümölcsösséggel és hosszú érlelési potenciállal rendelkeznek.

NESZMÉLYI BORVIDÉK

A Neszmélyi borvidék a Duna jobb partján, a Gerecse és a Vértes hegységek között terül el. A borvidék klímája mérsékelt, a talaj pedig főként löszös, emiatt ideális a terület a fehérborok termesztéséhez. A Neszmélyi borvidék borai frissességükről, gyümölcsös karakterükről és elegáns savtartalmukról ismertek. Legfontosabb szőlőfajtái közé tartozik a Chardonnay, a Sauvignon Blanc és az illatos magyar fajták, például az Irsai Olivér, a Cserszegi Fűszeres, valamint a Királyleányka.

PANNONHALMI BORVIDÉK

A Pannonhalmi borvidék az egyik legrégebbi borvidék Magyarországon, és a pannonhalmi főapátság környékén található. A borvidék történelme szorosan összefonódik az apátság történetével, ahol évszázadok óta foglalkoznak szőlőtermesztéssel és borkészítéssel. A Pannonhalmi borvidék talaja alapvetően löszös, klímája pedig hűvös, ami kiváló feltételeket teremt az elegáns fehérborok és a könnyedebb vörösborok előállításához. A borvidék legismertebb szőlőfajtái közé tartozik a Rajnai Rizling, a Sauvignon Blanc, valamint a Tramini, amelyekből friss, aromás fehérborok készülnek. Az utóbbi években a Pannonhalmi borvidék borászai egyre inkább a vörösborok felé fordultak, így a Pinot Noir és a Cabernet Franc is nagyobb szerephez jutott a helyi borkészítésben.

SOPRONI BORVIDÉK

A Soproni borvidék Magyarország nyugati határán, Ausztria közvetlen szomszédságában helyezkedik el, és szintén a Kárpát-medence egyik legrégebbi borvidéke. Talaja javarészt pala és mészkő, klímája pedig hűvös, ami kedvez az elegáns Kékfrankos termesztésének, amely a borvidék legfontosabb szőlőfajtája. A Kékfrankos mellett a Soproni borvidéken a Zöld Veltelini és a Zweigelt is jelentős szerephez jut. A Soproni borok jellemzői a magas savtartalom, a gyümölcsös ízvilág és a finom tanninok – ezek hosszú érlelési potenciált biztosítanak számukra.

상부 판논 와인 산지는 헝가리에서 역동적으로 발전하고 있는 와인 산지 중 하나로, 5개의 와인 지구를 포함하고 있습니다: 에티크-부다(Etyek-Buda) 모르(Mór), 네즈멜리(Neszmély), 파논할마(Pannonhalma), 쇼프론(Sopron)입니다. 수도 부다페스트의 서쪽 트랜스다누비아 북부에 위치하고 있습니다. 이 지역의 와인 중에서도 특히 에티크-부다의 스파클링 와인, 모르의 에제르죠(Ezerjó), 네즈멜리의 화이트 와인, 파논할마의 시원한 기후 속에 만들어진 우아한 와인, 그리고 쇼프론의 킥프랑코쉬(Kékfrankos)는 세계적으로도 잘 알려져 있고 높은 평가를 받고 있습니다

에티크-부다(ETYEK-BUDA) 와인 지구
에티크-부다 와인 지구는 부다페스트 근처에 위치해 있어 헝가리에서 접근성이 좋은 와인 지구 중 하나입니다. 전통적으로 19세기 후반부터 꾸준히 인기를 누려온 스파클링 와인 생산의 중심지였습니다. 석회암 토양과 서늘한 기후는 특히 스파클링 와인 생산을 위한 베이스 와인을 생산하는 데 이상적이고, 재배되는 주요 품종으로는 샤도네이, 소비뇽 블랑, 그리고 피노 누아가 있습니다. 이들 품종은 스파클링 와인뿐만 아니라 우아한 화이트 및 레드 와인을 생산하는 데도 적합합니다.

모르(MÓR) 와인 지구
모르 와인 지구는 베르테슈 산맥 기슭에 자리 잡고 있으며, 헝가리에서 가장 작은 와인 지구 중 하나입니다. 산악 지형에 둘러싸인 이 지역은 서늘한 기후로 인해 신선하고 산미가 두드러지는 화이트 와인을 생산합니다. 가장 유명한 포도 품종은 에제르죠(Ezerjó)로, 모르 와인 지구의 대표 와인입니다. 에제르죠(Ezerjó) 와인은 높은 산미와 생동감있는 과실향과 더불어 오랜 숙성 잠재력을 특징으로 합니다.

네즈멜리(NESZMÉLY) 와인 지구
네즈멜리 와인 지구는 다뉴브강 우안에 위치해 있으며, 게레체(Gerecse) 산맥과 베르테슈(Vértes) 산맥 사이에 자리하고 있습니다. 온화한 기후와 황토가 주된 토양 때문에 화이트 포도 품종 재배에 매우 적합합니다. 네즈멜리 지역의 와인은 신선함, 과실향과 더불어 우아한 산미로 잘 알려져 있습니다. 네즈멜리 지구의 주요 포도 품종은 샤도네이와 소비뇽 블랑, 그리고 이르샤이 올리베르(Irsai Olivér), 체르세기 푸세레쉬(Cserszegi Fűszeres), 키랄리레안카(Királyleányka)와 같은 아로마틱한 헝가리 품종들입니다.

파논할마(PANNONHALMA) 와인 지구
파논할마 와인 지구는 헝가리의 유서 깊은 와인 지구 중 하나로, 파논할마 대수도원 주변에 위치하고 있습니다. 이곳의 역사는 수세기 동안 포도 재배와 와인 양조를 해온 수도원의 역사와 밀접하게 얽혀 있습니다. 토양은 주로 황토이며, 서늘한 기후는 우아한 화이트 와인과 가벼운 레드 와인을 생산하기에 이상적인 조건을 제공합니다. 주요 품종은 리슬링, 소비뇽 블랑, 트라미니(Tramini)인데 신선하고 아로마틱한 화이트 와인을 만드는 데 사용됩니다. 최근 몇 년간 파논할마의 와인 생산자들은 레드 와인으로 눈을 돌리고 있으며, 피노 누아와 카베르네 프랑이 현지 와인 생산에서 점점 더 큰 비중을 차지하고 있습니다. 파논할마 와인은 세련미와 균형감, 숙성 잠재력으로 유명합니다.

쇼프론(SOPRON) 와인 지구
쇼프론 와인 지구는 오스트리아와 인접한 헝가리 서부 국경에 위치해 있으며 카르파티아 분지에서 가장 오래된 와인 지구 중 하나입니다. 토양은 주로 점판암과 석회암으로 이루어져 있으며, 서늘한 기후는 우아한 킥프랑코쉬(Kékfrankos)를 재배하기에 이상적입니다. 킥프랑코쉬(Kékfrankos) 외에도 쇼프론 와인 지구의 다른 주요 품종으로는 그뤼너 펠트리너(Grüner Veltliner)와 츠바이겔트(Zweigelt) 등이 있습니다. 쇼프론 와인은 높은 산미와 과실향, 섬세한 탄닌이 특징이며 숙성 잠재력 또한 뛰어납니다.

5 UNMISSABLE EXPERIENCES IN THE UPPER PANNON WINE REGION

VISIT PANNONHALMA ARCHABBEY – AND TASTE THEIR WINES

The heart of the Pannonhalma wine district is the over one-thousand-year-old Pannonhalma Archabbey, which is not only a historical site but also a working winery. Visit the beautiful abbey estate, taste the local wines and learn about the centuries-old winemaking traditions. The Pannonhalma Arboretum, located nearby, is also a special place for nature lovers.

EXPLORE THE CITY OF SOPRON AND THE WONDERS OF LAKE FERTŐ

The Sopron wine district is one of Hungary's oldest wine regions, and the presence of wine culture is felt throughout the city. Kékfrankos is the most important grape variety here, producing rich, spicy red wines. Take a stroll through the historic city centre, then visit a local winery to taste authentic Soproni Kékfrankos. There is a bike path encircling Lake Fertő, allowing you to explore the attractions, natural beauty and wineries on both the Austrian and Hungarian sides, whether on foot or by bicycle.

HIKE IN THE VÉRTES HILLS AND DISCOVER THE MÓR WINE DISTRICT

The Mór wine district lies at the foot of the Vértes hills and is famous for its fresh, high-acid white wines, particularly Ezerjó. Spend a day in the beautiful Vértes hills, then relax at a winery where you can taste the local wines.

ATTEND THE ETYEK PIKNIK AND TASTE ETYEK SPARKLING WINE

The Etyek Piknik is held several times a year and offers a unique opportunity to taste local wines and foods in a picturesque setting. The event attracts visitors with its friendly atmosphere and excellent programmes. Be sure to taste the local sparkling wines, which feature fine bubbles and rich flavours. This is especially exciting and trendy as Etyek Sparkling Wine is one of Hungary's newest protected designation products.

TRY A GLASS OF CSERSZEGI FŰSZERES OR KIRÁLYLEÁNYKA FROM NESZMÉLY

The Neszmély wine district is known for its aromatic, light white wines made from Cserszegi Fűszeres and Királyleányka. These wines are perfect for pairing with summer dishes and are especially enjoyable with a view of the Danube river.

5 DOLOG, AMIT NE HAGYJ KI
A FELSŐ-PANNON BORRÉGIÓBAN

LÁTOGASS EL A PANNONHALMI FŐAPÁTSÁGBA – ÉS KÓSTOLD MEG A BORAIKAT

A Pannonhalmi borvidék központja a több mint ezeréves pannonhalmi főapátság, amely nemcsak történelmi látnivaló, hanem működő borászat is. Nézz körül a gyönyörű apátsági birtokon, kóstold meg a helyi borokat, és ismerd meg a borkészítés évszázados hagyományait. Szintén látogatható az apátsági arborétum is, amely igazán különleges hely a természetkedvelők számára.

FEDEZD FEL SOPRON VÁROSÁT ÉS A FERTŐ TÓ CSODÁLATOS VILÁGÁT

A Soproni borvidék Magyarország egyik legrégebbi borvidéke, így a városban is komoly hagyományai vannak a borkultúrának. A legfontosabb szőlőfajta a Kékfrankos, amelyből gazdag, fűszeres vörösborokat készítenek. Sétálj egyet Sopron történelmi belvárosában, majd látogass el egy helyi borászatba, hogy megkóstold az igazi soproni Kékfrankost. A Fertő tó körül kiépült a bicikliút, így mind az osztrák, mind a magyar oldal látnivalóit, természeti szépségeit és borászatait felfedezheted kerékpárral is.

KIRÁNDULJ A VÉRTES HEGYSÉGBEN, ÉS KALANDOZZ A MÓRI BORVIDÉKEN

A Móri borvidék a Vértes hegység lábánál terül el, és híres friss, savas fehérborairól, különösen az Ezerjóról. Tölts el egy napot a gyönyörű Vértes hegységben, majd pihenj meg egy borászatban, ahol megkóstolhatod a helyi borokat.

VEGYÉL RÉSZT AZ ETYEKI PIKNIKEN, ÉS ÍZLELD MEG AZ ETYEKI PEZSGŐT

Az Etyeki Piknik évente többször is megrendezésre kerül, és egyedülálló lehetőséget kínál arra, hogy festői környezetben kóstolj helyi borokat és ételeket. A rendezvény családias hangulatával és kiváló programjaival vonzza a látogatókat. Mindenképpen próbáld ki a helyi pezsgőket, amelyek finom buborékokkal és gazdag ízvilággal kápráztatnak el. Azért is izgalmas kalandban lesz részed, mert az Etyeki Pezsgő az egyik legfiatalabb és trendi eredetvédett termékünk.

KÓSTOLJ MEG EGY POHÁR NESZMÉLYI CSERSZEGI FŰSZEREST VAGY KIRÁLYLEÁNYKÁT

A Neszmélyi borvidék híres a Cserszegi Fűszeresből és Királyleánykából készült, illatos, könnyed fehérborairól. Ezek a borok kiválóan illenek a nyári ételekhez, és a Duna-parti kilátás mellett különösen élvezetes kortyolgatni őket.

상부 판논 와인 산지에서 놓칠 수 없는 다섯 가지 경험

파논할마 대수도원에서 와인 테이스팅하기

파논할마 와인 지구의 중심에는 천 년 이상의 역사를 가진 파논할마 대수도원이 있는데요. 유적지일 뿐만 아니라 현재도 와이너리로 운영 중입니다. 아름다운 수도원과 와이너리를 탐방하고 와인을 시음하며 수세기 동안 이어온 와인 양조 전통에 대해 알아보세요. 자연애호가라면 인근에 있는 파논할마 식물원도 방문해보세요.

쇼프론시와 페르퇴(FERTŐ) 호수 방문하기

쇼프론 와인 지구는 헝가리의 유서 깊은 와인 지역 중 하나로, 도시 곳곳에서 와인 문화의 흔적을 느낄 수 있습니다. 킥프랑코쉬(Kékfrankos)는 이곳에서 가장 중요한 포도 품종으로 진하고 스파이시한 레드 와인을 만듭니다. 오랜 역사가 깃든 시내 중심가를 산책한 후, 로컬 와이너리를 방문하여 진정한 쇼프론 킥프랑코쉬(Kékfrankos)를 맛보세요. 페르퇴 호수 주변에는 자전거 도로가 잘 발달되어 있어 도보나 자전거로 오스트리아와 헝가리 양쪽의 명소와 자연경관, 그리고 와이너리를 둘러볼 수 있습니다.

베르테슈(VÉRTES) 산맥에서의 하이킹, 그리고 모르 와인 지구 방문하기

모르 와인 지구는 베르테슈 산맥 기슭에 위치하며, 에제르죠로 대표되는 신선하고 산미 높은 화이트 와인으로 유명합니다. 아름다운 베르테슈 산맥에서 하루를 보내고 로컬 와인을 맛볼 수 있는 와이너리에서 휴식을 취하세요.

에티크 피크닉(ETYEK PIKNIK)에서 에티크 스파클링 와인 테이스팅하기

에티크 피크닉은 연중 여러 번 열리며, 그림 같은 분위기에서 로컬 와인과 음식을 맛볼 수 있는 경험을 할 수 있습니다. 편안한 분위기와 뛰어난 프로그램으로 방문객들을 끌어들이는 이 행사에서, 미세한 기포와 풍부한 풍미가 특징인 현지 스파클링 와인을 꼭 테이스팅 해보세요. 특히, 에티크 스파클링 와인은 헝가리에서 가장 최근에 지리적 표시가 지정된 와인이기 때문에 더욱 흥미롭고 트렌디합니다.

네즈멜리에서 체르세기 푸세레쉬(CSERSZEGI FŰSZERES), 키랄리레안카(KIRÁLYLEÁNYKA) 와인 테이스팅하기

네즈멜리 와인 지구는 체르세기 푸세레쉬(Cserszegi Fűszeres)와 키랄리레안카(Királyleányka)로 만든 아로마틱하고 가벼운 화이트 와인으로 유명합니다. 여름 요리와 페어링하기에 적합하며 특히 다뉴브 강을 바라보며 마시면 더욱 맛있습니다.

PANNON
WINE REGION

PANNON
BORRÉGIÓ

판논 와인 산지

The Pannon wine region is located in southern Hungary and is known as one of the country's warmest and sunniest areas. The region encompasses four significant wine districts: Szekszárd, Tolna, Villány and Pécs. The Pannon wine region is home to excellent, full-bodied, velvety red wines that have achieved international acclaim.

SZEKSZÁRD WINE DISTRICT

The Szekszárd wine district is one of the most famous wine districts in the Pannon wine region, located along the Danube river, around the town of Szekszárd. The district's soil is primarily loess, which has excellent water retention properties, creating ideal conditions for viticulture. Szekszárd is best known for its red wines. Szekszárdi Bikavér, one of the district's iconic wines, is a blend of several grape varieties, offering a complex, harmonious flavour profile. The district's other signature wines are Kadarka and Kékfrankos, which are lighter, fruitier, elegant single varietal wines that pair well with Hungarian and Korean cuisine. The wines from this district are characterized by rich aromas, elegant spiciness, velvety body and fine tannins.

TOLNA WINE DISTRICT

The Tolna wine district is the largest in the Pannon wine region, located between the Danube and Sió rivers. The district's soil is varied, allowing for the cultivation of both white and black grape varieties. The most prominent wines from the Tolna wine district include white wines such as Chardonnay, Sauvignon Blanc and Riesling, while red wines like Cabernet Sauvignon and Kékfrankos are also significant. The wines from this district are primarily produced for the local market.

VILLÁNY WINE DISTRICT

The Villány wine district is a jewel of the Pannon wine region and is Hungary's southernmost wine district. The district enjoys a Mediterranean-like climate, with long, warm summers and mild winters. The soils in Villány are composed of limestone, loess and clay, which are ideal for growing black grape varieties. The primary grapes include Cabernet Franc, Cabernet Sauvignon, Merlot and Syrah, which produce full-bodied, rich wines with great ageing potential. The flagship wine of the district is Villányi Franc, made exclusively from Cabernet Franc grapes grown in the wine district, and is one of the highest-quality Hungarian wines recognized internationally. Wines from Villány are powerful and deep, and have excellent ageing potential.

PÉCS WINE DISTRICT

The Pécs wine district is located on the southern slopes of the Mecsek Hills. The district's soil is varied, consisting of limestone, clay and loess, creating a unique terroir for viticulture. The Pécs wine district is primarily known for its white wines, especially Cirfandli, the emblematic wine of the district. Cirfandli wines are typically sweet and aromatic with a distinctive character.

A Pannon borrégió Magyarország déli részén terül el, és az ország egyik legmelegebb és legnaposabb területeként ismert. A régió négy jelentős borvidéket foglal magába: a Szekszárdi, a Tolnai, a Villányi és a Pécsi borvidéket. A Pannon borrégió többek között a kiváló minőségű tartalmas, bársonyos vörösborok otthona, amelyek méltán tettek szert nemzetközi hírnévre.

SZEKSZÁRDI BORVIDÉK

A Szekszárdi borvidék a Pannon borrégió egyik leghíresebb borvidéke, amely a Duna mentén, Szekszárd városa körül helyezkedik el. A borvidék talaja löszös, amely kiváló vízmegtartó képességével ideális feltételeket biztosít a szőlőtermesztéshez. A Szekszárdi borvidék elsősorban vörösborairól ismert. A Szekszárdi Bikavér, a borvidék egyik ikonikus bora több szőlőfajta házasításából készül, és komplex, harmonikus ízvilággal rendelkezik. A borvidék másik két jellegzetes bora a Kadarka és a Kékfrankos – ezek könnyedebb, gyümölcsös, elegáns fajtaborok, és remekül párosíthatók a magyar és a koreai konyha fogásaival. Az itteni borok jellemzője a gazdag aromavilág, az elegáns fűszeresség, a bársonyosság és a finom tanninok.

TOLNAI BORVIDÉK

A Tolnai borvidék a Pannon borrégió legnagyobb kiterjedésű borvidéke, amely a Duna és a Sió folyók közötti területen fekszik. A borvidék talaja változatos, ami lehetővé teszi mind a fehér-, mind a vörösborok termesztését. A Tolnai borvidék borai közül különösen a fehérborok, mint a Chardonnay, a Sauvignon Blanc és a Rajnai Rizling emelkednek ki, míg a vörösborok közül a Cabernet Sauvignon és a Kékfrankos a legjelentősebbek. A borvidék borai főként a helyi piacra készülnek.

VILLÁNYI BORVIDÉK

A Villányi borvidék, Magyarország egyik legdélebben fekvő borvidékeként a Pannon borrégió ékköve. A borvidéket mediterrán jellegű klíma jellemzi, amely hosszú, meleg nyarakat és enyhe teleket biztosít. A Villányi borvidék talaja mészköves-löszös-agyagos, és kiválóan alkalmas a vörös szőlőfajták termesztésére. A borvidék fő szőlőfajtái közé tartozik a Cabernet Franc, a Cabernet Sauvignon, a Merlot és a Syrah, amelyekből testes, gazdag, hosszan érlelhető borok készülnek. A borvidék zászlóshajója a Villányi Franc, amely kizárólag a borvidéken termett Cabernet Franc szőlőből készül, nemzetközi szinten is elismert, és az egyik legmagasabb minőséget képviseli a magyar borok között. A Villányi borvidék borai erőteljesek, mélyek, és kiváló érlelési potenciállal rendelkeznek.

PÉCSI BORVIDÉK

A Pécsi borvidék a Mecsek déli lejtőin található. Talaja változatos: mészkőből, agyagból és löszből áll, ami különleges terroir-t biztosít a szőlőtermesztéshez. A Pécsi borvidék elsősorban fehérborairól ismert, különösen a Cirfandliról, amely a borvidék emblematikus bora. A Cirfandli borok legtöbbször édesek, illatosak és különleges karakterrel rendelkeznek.

판논 와인 산지는 헝가리 남부에 위치해 있으며 헝가리에서도 가장 따뜻하고 햇볕이 잘 드는 지역 중 하나로 알려져 있습니다. 네 개의 주요 와인 지구인 섹자르드(Szekszárd), 톨나(Tolna), 빌라니(Villány), 그리고 픽츠(Pécs)를 포함하고 있고, 뛰어난 풀바디의 벨벳 같은 레드 와인으로 유명하며 국제적으로 인정받고 있습니다.

섹자르드(SZEKSZÁRD) 와인 지구

섹자르드 와인 지구는 판논 와인 산지에서 가장 유명한 와인 지구 중 하나로, 섹자르드 마을을 중심으로 다뉴브 강을 따라 위치하고 있습니다. 토양은 주로 황토로 이루어져 있으며, 수분 유지력이 뛰어나 포도 재배에 이상적인 조건을 갖추고 있습니다. 섹자르드는 레드 와인으로 가장 잘 알려져 있습니다. 이 지역의 대표적인 와인 중 하나인 섹자르디 비카베르(Szekszárdi Bikavér)는 상징적인 와인으로, 복합적이고 조화로운 맛이 특징적입니다. 다른 대표 와인은 카다르카(Kadarka)와 킥프랑코쉬(Kékfrankos)로, 헝가리 및 한국 요리와 잘 어울리기도 하고 가볍고 과실향이 풍부하며 우아한 단일 품종의 와인입니다. 이 지역의 와인은 풍부한 아로마, 우아한 스파이시함, 벨벳 같은 바디감과 섬세한 탄닌이 특징입니다.

톨나(TOLNA) 와인 지구

톨나 와인 지구는 판논 와인 산지에서 가장 넓은 지구로, 다뉴브강과 시오강 사이에 위치하고 있습니다. 이 지역의 다양한 토질은 화이트 와인과 레드 와인 포도 품종 모두 재배하기에 적합합니다. 톨나 와인 지구에서 가장 두드러지는 와인으로는 샤도네이, 소비뇽 블랑, 그리고 라인 리슬링(Rhine Riesling)과 같은 화이트 와인과 카베르네 소비뇽과 킥프랑코쉬(Kékfrankos)와 같은 레드 와인이 있습니다. 톨나의 와인들은 주로 현지 유통을 위해 생산됩니다.

빌라니(VILLÁNY) 와인 지구

빌라니 와인 지구는 판논 와인 산지의 보석과 같은 곳으로, 헝가리의 최남단에 위치합니다. 지중해와 유사한 기후로 길고 따뜻한 여름과 온화한 겨울이 특징입니다. 빌라니의 토양은 석회암, 황토, 그리고 점토로 구성되어 있으며, 레드 포도 품종 재배에 적합합니다. 주요 포도 품종으로는 카베르네 프랑, 카베르네 소비뇽, 메를로, 그리고 시라가 있으며, 진한 풀바디의 와인을 생산하고 높은 숙성 잠재력을 지니고 있습니다. 이 지역의 대표 와인은 빌라니 프랑(Villányi Franc)으로, 빌라니 와인 지구에서 재배된 카베르네 프랑 포도로만 만들어지며 국제적으로 인정받는 최고 품질의 헝가리 와인 중 하나입니다. 빌라니의 와인은 강렬하고 깊이감이 있으며, 숙성 잠재력이 뛰어납니다.

픽츠(PÉCS) 와인 지구

픽츠 와인 지구는 메체크(Mecsek) 산맥의 남쪽 경사에 위치하고 있고, 토양은 석회암, 점토, 그리고 황토로 다양하여 포도 재배에 독특한 테루아를 형성합니다. 픽츠 와인 지구는 주로 화이트 와인으로 알려져 있으며, 특히 이 지역의 상징적인 와인인 치르판들리(Cirfandli)로 유명합니다. 치르판들리 와인은 일반적으로 스위트하고 아로마틱하고 독특한 특성을 지니고 있습니다.

5 UNMISSABLE EXPERIENCES IN THE PANNON WINE REGION

VISIT THE CASTLE OF SIKLÓS AND TASTE VILLÁNYI FRANC

Siklós Castle, located near the Villány wine district, is one of the region's most important historical landmarks and is definitely worth exploring. Afterwards, be sure to taste the renowned Cabernet Franc wines from Villány, known for their deep colour, rich flavours and long ageing potential. The standout among them is Villányi Franc, a high-quality, protected-origin wine that serves as the flagship of the region.

EXPLORE THE SZEKSZÁRD WINE DISTRICT AND TASTE BIKAVÉR, KÉKFRANKOS AND KADARKA

Szekszárdi Bikavér is an iconic Hungarian red wine made from a blend of several grape varieties, offering a harmonious and complex flavour profile. This wine is the pride of the region and a must-try if you're in the Szekszárd area. The most exciting way to experience it is to taste the individual components, such as the popular Kadarka and Kékfrankos, both on their own and as part of the Bikavér blend, guided by a local winemaker.

HIKE IN THE MECSEK HILLS, EXPLORE THE CITY OF PÉCS AND TASTE WINES FROM PÉCS

The Pécs wine district, located at the foot of the Mecsek Hills, is known not only for its wines but also for its natural beauty. Spend a day hiking in the hills, then relax at a local winery, or even at the University of Pécs's own vineyard, and enjoy the fresh, fruity white wines that are characteristic of the region.

JOIN THE SZEKSZÁRDI SZÜRETI NAPOK (SZEKSZÁRD HARVEST FESTIVAL) OR THE VILLÁNYI VÖRÖSBORFESZTIVÁL (VILLÁNY RED WINE FESTIVAL)

Both the Szekszárdi Szüreti Napok and the Villányi Vörösbor Fesztivál are annual events celebrating the harvest season in these wine districts. During the festivals, you can taste local wines, participate in wine tastings and cultural programmes and learn about the winemaking traditions of these regions.

TRY A TOLNAI CHARDONNAY

The Tolna wine district is known for its light, fruity white wines, particularly Chardonnay. These wines are refreshing and elegant, and pair perfectly with light dishes

5 DOLOG, AMIT NE HAGYJ KI A PANNON BORRÉGIÓBAN

LÁTOGASS EL A SIKLÓSI VÁRBA, ÉS KÓSTOLJ MEG EGY VILLÁNYI FRANC-T

A siklósi vár a Villányi borvidék közelében áll, és a régió egyik legfontosabb történelmi látványossága, így mindenképpen érdemes felkeresni. A kirándulás után kóstold meg a Villányi borvidék különösen híres Cabernet Franc borait, amelyek mély színűek, gazdag ízvilágúak és hosszú érlelési potenciállal rendelkeznek. Kiemelt minőséget képvisel köztük a védett eredetű Villányi Franc, a borvidék zászlóshajója.

LÁTOGASS EL A SZEKSZÁRDI BORVIDÉKRE, ÉS KÓSTOLJ BIKAVÉRT, KÉKFRANKOST ÉS KADARKÁT

A Szekszárdi Bikavér ikonikus magyar vörösbor, amely több szőlőfajta házasításából készül, harmonikus és komplex ízvilággal. Ez a bor a borvidék egyik büszkesége, és kihagyhatatlan, ha Szekszárd környékén jársz. Legfontosabb összetevői az önmagában is nagyon élvezetes és kedvelt Kadarka és Kékfrankos, ezért izgalmas vállalás, ha egy helyi borász útmutatásával a fajtákat külön-külön, és Bikavérként is felfedezed.

KIRÁNDULJ A MECSEK HEGYSÉGBEN, KALANDOZZ PÉCS VÁROSÁBAN, ÉS ÍZLELJ MEG PÉCSI BOROKAT

A Mecsek hegység lábánál fekvő Pécsi borvidék nemcsak borairól, hanem természeti szépségeiről is híres. Tölts el egy napot a hegyekben túrázva, majd pihenj meg egy helyi pincészetben, vagy akár a híres Pécsi Tudományegyetem saját borbirtokán, és élvezd a friss, gyümölcsös fehérborokat, a régió jellegzetességeit.

VEGYÉL RÉSZT A SZEKSZÁRDI SZÜRETI NAPOKON VAGY A VILLÁNYI VÖRÖSBOR FESZTIVÁLON

A borvidékek szüreti időszakának megünnepléseként évente megrendezésre kerül a Szekszárdi Szüreti Napok és a Villányi Vörösbor Fesztivál. Érdemes ellátogatni ezekre a programokra, ahol a borok és a borászok mellett koncertek és kulturális programok is várnak.

PRÓBÁLJ KI EGY TOLNAI CHARDONNAY-T

A Tolnai borvidék könnyed, gyümölcsös fehérborairól ismert, különösen a Chardonnay fajtáról. Ezek a borok frissítőek, elegánsak és tökéletesen illenek a könnyű fogások mellé.

판논 와인 산지에서 놓칠 수 없는 다섯 가지 경험

식클로쉬(SIKLÓ)성 방문하고 빌라니 프랑(VILLÁNYI FRANC) 음미하기
빌라니 와인 지구 근처에 위치한 식클로쉬성은 이 지역에서 중요한 역사적 랜드마크 중 하나이며 꼭 둘러볼 가치가 있는 곳입니다. 그 후에는 깊은 색과 풍부한 풍미, 숙성 잠재력으로 유명한 빌라니의 까베르네 프랑 와인을 꼭 맛보세요. 특히 빌라니 프랑은 이 지역을 대표하는 높은 품질의 원산지 보호 와인입니다.

섹자르드(SZEKSZÁRD) 와인 지구에서 비카베르(BIKAVÉR), 킥프랑코쉬(KÉKFRANKOS), 카다르카(KADARKA) 음미하기
섹자르디 비카베르(Szekszárdi Bikavér)는 여러 가지 포도 품종을 블렌딩하여 만든 헝가리 대표 레드 와인으로 조화롭고 복합적인 풍미를 자랑합니다. 섹자르드 자랑이자 이 지역을 방문하면 꼭 맛보아야 하는 와인이기도 하죠. 현지 와인 생산자의 안내를 받아 비카베르의 주요 품종인 카다르카(Kadarka)와 킥프랑코쉬(Kékfrankos)를 따로 또는 비카베르 블렌드의 일부로 맛보는 것은 잊지 못할 경험이 될 거예요.

메체크 산맥을 하이킹하고 픽츠 시를 탐방하며 픽츠 와인을 맛보세요
픽츠 와인 지구는 메체크 산맥의 기슭에 위치하고 있으며, 와인뿐만 아니라 아름다운 자연 경관으로도 잘 알려져 있습니다. 산에서 하이킹을 하고 로컬 와이너리나 픽츠 대학의 자체 포도밭에서 휴식을 취하면서 이 지역의 특징인 신선한 과실향의 화이트 와인을 즐겨보세요.

섹자르디 슈레티 나폭(SZEKSZÁRDI SZÜRETI NAPOK) 또는 빌라니 레드 와인 축제(VILLÁNYI VÖRÖSBOR FESZTIVÁL)에 참여하세요
섹자르디 슈레티 나폭과 빌라니 레드 와인 축제는 모두 이 와인 산지의 수확 시즌을 기념하는 연례 행사입니다. 축제 기간 동안 현지 와인을 시음하고 와인 테이스팅이나 문화 프로그램에 참여하며 전통 있는 로컬 와인 양조법에 대해 배울 수 있습니다.

톨나이 샤도네이(TOLNAI CHARDONNAY) 맛보기
톨나 와인 지구는 특히 샤도네이로 유명하죠. 이 지역의 화이트 와인은 가볍고 과실향이 풍부하며 신선하고 우아하며, 가벼운 요리와 잘 어울립니다.

TOKAJ
WINE REGION

TOKAJI
BORRÉGIÓ

토카이 와인 산지

The Tokaj wine region boasts over a thousand years of history and was already famous in the Middle Ages. Tokaji Aszú, first documented in the 16th century, remains one of the world's most sought-after dessert wines. The Tokaj wine region holds a special place in both Hungarian and international wine culture, as it was one of the first delimited wine regions in the world and was designated a UNESCO World Heritage site in 2002.

The region's unique microclimate and rich volcanic soils contribute to the noble rot (botrytis cinerea) that affects the grapes, leading to the distinctive sweetness and unparallelled flavours of Tokaji Aszú. The main grape varieties in the region are Furmint, Hárslevelű and Sárgamuskotály (Muscat Blanc à Petits Grains), which are used to produce not only the famous Aszú wines but also Dry Szamorodni and Sweet Szamorodni wines. Tokaji Aszú is made using a special process: the hand-picked aszú berries (noble rot-affected) are soaked in must or fermenting base wine, pressed and aged for a long time in wooden barrels, resulting in deeply golden wines with a rich, complex flavour and long ageing potential. This wine is often referred to as "liquid gold."

The Tokaj wine region also produces other types of wines, such as dry Furmint, known for its elegant, mineral character and long ageing potential. Late harvest wines and the unique Tokaji Eszencia are also among the region's exceptional products. The reputation and prestige of the Tokaj wine region remain strong, with its wines continuing to rank among the world's best.

A Tokaji borvidék több mint ezeréves múltra tekint vissza, és már a középkorban is jelentős hírnévnek örvendett. A Tokaji Aszú először a 16. században jelent meg, és azóta is a világ egyik legkeresettebb desszertboraként tartják számon. A Tokaji borvidék különleges helyet foglal el mind a magyar, mind a nemzetközi borkultúrában: ez volt a világ egyik első zárt borvidéke, 2002-ben pedig az UNESCO világörökségi helyszínné nyilvánította.

A régió egyedi mikroklímája és változatos, gazdag vulkanikus talaja hozzájárul a szőlőszemek aszúsodásához, nemesrothadásához, ami a Tokaji Aszú édes, semmihez sem fogható ízvilágának alapja. A borvidék fő szőlőfajtái a Furmint, a Hárslevelű és a Sárgamuskotály (Muscat Blanc a Petit Grain), amelyekből nemcsak a híres aszúborok, hanem száraz és édes szamorodni borok is készülnek. A Tokaji Aszú készítése különleges eljárással történik: a kézzel szedett aszúszemeket mustba vagy erjedésben lévő alapborba áztatják, kipréselik, hosszú ideig fahordóban érlelik, így egyedi ízvilágú, nagyon gazdag, hosszú érlelési potenciállal rendelkező mély aranyszínű borok születnek. A Tokaji Aszút folyékony aranynak is hívják.

A Tokaji borvidék emellett más borokat is kínál. Ilyen például a száraz Furmint, amely elegáns, ásványos karakterű, és hosszú érlelési potenciállal bír. A késői szüretelésű borok és a különleges tokaji esszencia szintén a vidékre jellemző vonás. A Tokaji borvidék hírneve és presztízse a mai napig töretlen, borai továbbra is a világ élvonalába tartoznak.

천 년이 넘는 역사를 자랑하는 토카이 와인 산지는 중세 시대부터 이미 명성있는 와인 산지였습니다. 16세기에 처음 기록된 토카이 아수(Tokaji Aszú) 와인은 세계에서 가장 인기 있는 디저트 와인 중 하나입니다. 토카이는 헝가리와 국제 와인 문화에 있어서 특별한 입지를 가지고 있으며, 세계에서 최초로 구획된 와인 산지 중 하나로 2002년 유네스코 세계문화유산으로 지정되었습니다.

토카이의 독특한 미세 기후와 풍부한 화산 토양은 포도에 귀부병(보트리티스 시네레아, Botrytis cinerea)을 일으켜 토카이 아수만의 독특한 스위트한 풍미를 만들어냅니다. 주요 포도 품종으로는 푸르민트(Furmint), 하르쉬레벨루 (Hárslevelű), 그리고 샤르가무스코타이(Sárgamuskotály, 옐로우 뮈스카)가 있으며, 유명한 아수 와인뿐만 아니라 드라이 사모로드니(Szamorodni)와 스위트 사모로드니(Szamorodni) 와인을 생산하는 데도 사용됩니다. 토카이 아수는 독특한 방식으로 만들어지는데, 손으로 수확한 아수 베리(귀부병 영향을 받은 포도)는 포도즙 또는 발효 중인 베이스 와인에 담가 압착한 후, 나무 배럴에서 오랜 시간 숙성시켜 깊은 금색을 띠는 와인이 됩니다. 이 와인은 복합적이고 풍부한 맛과 긴 숙성 잠재력을 지녀 "액체로 된 금(liquid gold)"으로도 일컬어집니다.

토카이 와인 산지에서는 드라이 푸르민트와 같은 다른 종류의 와인도 생산합니다. 드라이 푸르민트는 우아한 미네랄과 긴 숙성 잠재력으로 잘 알려져 있습니다. 레이트 하비스트 와인과 독특한 토카이 에센시아(Tokaji Eszencia)도 이 지역의 뛰어난 와인 중 하나입니다. 토카이 와인 지구의 명성과 권위는 여전히 강력하며, 토카이 와인은 세계 최고의 와인 중 하나로 손꼽히고 있습니다.

5 UNMISSABLE EXPERIENCES IN THE TOKAJ WINE REGION

EXPERIENCE AN ASZÚ HARVEST AND TASTE TOKAJI ASZÚ

Tokaji Aszú is Hungary's most famous wine and ranks among the world's best. This sweet specialty wine, made from noble rot-affected (aszú) grapes, features rich notes of honey, apricot and walnut. Experience the hard work that goes into making a bottle of Aszú by participating in an aszú harvest. Even if you can't join a harvest, make sure to taste a glass of Aszú and discover the unique flavours of one of the world's most special wines.

VISIT THE HISTORIC WINE CELLARS OF THE TOKAJ WINE REGION AND EXPLORE THE CELLAR ROWS OF HERCEGKÚT

The Tokaj wine region is home to numerous historic wine cellars, some of which have been ageing wines for centuries. Notable examples include the Rákóczi Cellar in Tokaj, where you can learn about traditional winemaking techniques, and Grand Tokaj's Szegi Cellar, where you might encounter wines nearly 100 years old. Hercegkút, one of the gems of the Tokaj wine region, is famous not only for its wines but also for its two historic cellar rows. These cellars were built in the 18th century and remain in their original state. The cellar rows not only preserve winemaking traditions but also offer a unique visual experience, making them a must-visit when in the region.

HIKE TO TOKAJ'S KOPASZ HILL, PICNIC WITH A DRY FURMINT AT MÁD'S SZENT TAMÁS VINEYARD OR TARCAL'S TERÉZIA CHAPEL

Kopasz Hill rises above the town of Tokaj, offering beautiful views of the surrounding vineyards and the Tisza river. Along the hiking trails leading to the top, you can stop at various points, or visit other iconic Tokaj vineyards, such as the Szent Tamás Vineyard in Mád or the Terézia Chapel or the Blessing Christ statue in Tarcal. Enjoy the view while tasting Tokaj's most famous dry wine, Furmint. This wine, with its high acidity and complex aromas, pairs perfectly with various foods and cheeses.

VISIT THE RÁKÓCZI CASTLE IN SÁROSPATAK, THEN WALK ACROSS THE SUSPENSION BRIDGE AT THE SÁTORALJAÚJHELY ADVENTURE PARK

The Rákóczi Castle in Sárospatak, located in the Tokaj wine region, is one of the most important sites in Hungarian history. After exploring the castle, visit nearby Sátoraljaújhely and walk across Hungary's longest suspension bridge. Part of the Zemplén Adventure Park, the bridge is 700 metres long and offers breathtaking views of the surrounding mountains and forests. It's a thrilling experience that provides a nice adrenaline rush before or after wine tasting.

DISCOVER THE UNESCO WORLD HERITAGE SITES OF THE TOKAJ WINE REGION

The Tokaj wine region has been listed as a UNESCO World Heritage site since 2002. Explore the region's unique historical and natural sites, which are inextricably linked to centuries-old winemaking traditions.

5 DOLOG, AMIT NE HAGYJ KI
A TOKAJI BORRÉGIÓBAN

VEGYÉL RÉSZT ASZÚSZÜRETEN, ÉS KÓSTOLJ MEG EGY TOKAJI ASZÚT

A Tokaji Aszú Magyarország leghíresebb bora, amelyet nemzetközi szinten is a legjobb borok között ismernek. Ez az aszúsodott szőlőszemek felhasználásával készült édes borkülönlegesség gazdag mézes, barackos és diós jegyekkel rendelkezik. Vegyél részt egy aszúszüreten, hogy megtapasztald, milyen kemény munka egy palack aszúbor előállítása. Ha nem jutsz el egy szüretre, akkor is kóstolj meg mindenképpen egy pohár aszút, hogy megismerd a világ egyik legkülönlegesebb borának ízvilágát.

LÁTOGASS EL A TOKAJI BORVIDÉK TÖRTÉNELMI BOROSPINCÉIBE, FEDEZD FEL A HERCEGKÚTI PINCESOROKAT

A Tokaji borvidéken számos történelmi borospince található, amelyek évszázadok óta szolgálnak borok érlelésére. Ezek közé tartozik a Rákóczi Pince Tokajban, ahol betekintést nyerhetsz a tradicionális borkészítés titkaiba, vagy a Grand Tokaj Szegi Pincéje, ahol akár közel százéves borokkal is találkozhatsz. Igazán különleges Hercegkút, a Tokaji borvidék egyik ékköve, amely a borai mellett két történelmi pincesoráról is híres. Ezek a pincék a 18. században épültek, és ma is eredeti állapotukban láthatók. A pincesorok nemcsak a borászat hagyományait őrzik, hanem különleges látványként is szolgálnak – mindenképpen érdemes meglátogatni őket, ha a régióban jársz.

KIRÁNDULJ A TOKAJI KOPASZ-HEGYRE, PIKNIKEZZ EGY SZÁRAZ FURMINTTAL MÁDON A SZENT TAMÁS-DŰLŐBEN VAGY TARCALON A TERÉZIA-KÁPOLNÁNÁL

A Kopasz-hegy Tokaj városa fölé magasodik, és gyönyörű kilátást biztosít a környező szőlőültetvényekre és a Tisza folyóra. A hegy tetejére vezető túraútvonalak mentén több helyen is megállhatsz, vagy meglátogathatod a borvidék többi településén elhelyezkedő ikonikus dűlőket, mint például a Szent Tamás-dűlőt Mádon. Tarcalon a Terézia-kápolna és az Áldó Krisztus-szobor igazi turistalátványosság, és miközben a panorámát élvezed, megkóstolhatod Tokaj leghíresebb száraz borát, a Furmintot is. Ez a bor magas savtartalommal és komplex aromákkal rendelkezik, és tökéletes választás különféle ételekhez, sajtokhoz.

LÁTOGASS EL A SÁROSPATAKI RÁKÓCZI-VÁRBA, MAJD SÉTÁLJ ÁT A SÁTORALJAÚJHELYI KALANDPARK FÜGGŐHÍDJÁN

A sárospataki Rákóczi-vár a Tokaji borvidék közelében található, és a magyar történelem egyik legfontosabb helyszíne. A vár megtekintése után zarándokolj el Sátoraljaújhelyre – amely nincs egyébként messze –, hogy a Zemplén Kalandparkban átsétálhass Magyarország leghosszabb, 700 méter hosszú függőhídján. Igazi adrenalinfröccs vár rád a borkóstolás előtt vagy után, csodás panorámával a környező erdőkre és hegyekre.

ISMERD MEG A TOKAJI BORVIDÉK UNESCO VILÁGÖRÖKSÉGI HELYSZÍNEIT

A Tokaji borvidék 2002 óta szerepel az UNESCO világörökségi listáján. Fedezd fel a régió különleges történelmi és természeti helyszíneit, amelyek egyedülálló módon kapcsolódnak a borkészítés több évszázados hagyományaihoz.

토카이 와인 산지에서 놓칠 수 없는 다섯 가지 경험

아수 베리 수확 체험하고 토카이 아수 와인 시음하기
토카이 아수 와인은 헝가리에서 가장 유명한 와인으로 세계 최고의 와인 중 하나로 손꼽힙니다. 귀부병에 걸린 포도로 만들어 달콤한 맛이 특징적인 이 와인은 꿀, 살구, 호두의 풍부한 아로마가 느껴집니다. 아수 베리 수확을 체험하고 한 병의 토카이 아수 와인을 만드는 데 얼마나 많은 노력이 필요한지 직접 느껴보시기 바랍니다. 수확에 참여할 수 없더라도 꼭 토카이 아수 와인 한 잔을 맛보며 세계에서 가장 특별한 와인의 독특한 풍미를 경험해보세요.

유서 깊은 와인 저장고들과 헤르체그쿠트(HERCEGKÚT)의 저장고 내부 방문하기
토카이 와인 산지에는 수 세기 동안 와인을 숙성시켜온 유서 깊은 와인 저장고가 많이 있습니다. 전통 와인 제조 기술을 배울 수 있는 토카이의 라코치(Rákóczi) 셀러와 100년 가까이 된 와인을 만나볼 수 있는 그랜드 토카이 (Grand Tokaj)의 세기(Szegi) 저장고가 대표적입니다.
토카이 와인 산지의 보석 중 하나인 헤르체그쿠트(Hercegkút)는 와인뿐만 아니라 18세기에 지어진 두 개의 역사적인 저장고 루트로도 유명합니다. 이 저장고의 루트는 와인 양조 전통을 보존할 뿐만 아니라 독특한 시각적 경험을 제공하므로, 이 지역을 방문할 때 꼭 가봐야 할 명소입니다.

토카이의 코파스(KOPASZ) 언덕 하이킹, 마드(MÁD)의 센트 타마스(SZENT TAMÁS) 빈야드나 타르칼(TARCAL)의 테레지아 예배당(TERÉZIA CHAPEL)에서 드라이 푸르민트 마시며 피크닉하기
코파스 언덕은 토카츠 마을 위에 솟아 있어 주변 포도밭과 티사 강의 아름다운 전경을 감상할 수 있는 곳입니다. 정상으로 이어지는 하이킹 코스를 따라 마드에 있는 센트 타마스 빈야드 같이 토카이의 상징적인 포도밭을 방문하거나 타르칼의 테레지아 예배당 혹은 축복의 그리스도 동상을 구경할 수 있지요. 주변 경관을 즐기며 토카이의 가장 유명한 드라이 화이트 와인인 푸르민트를 맛보세요. 높은 산미와 복합적인 아로마를 가진 이 와인이 다양한 음식이나 치즈와 완벽하게 어울릴 겁니다.

샤로슈퍼터크(SÁROSPATAK)의 라코치(RÁKÓCZI)성을 구경하고 샤토랄랴우이헬리 어드벤처 파크 (SÁTORALJAÚJHELY ADVENTURE PARK)에서 현수교 건너보기
토카이 와인 산지에 위치한 샤로슈퍼터크의 라코치 성은 헝가리 역사에서 중요한 유적지 중 하나입니다. 성을 둘러본 후, 멀지 않은 샤토랄랴우이헬리(Sátoraljaújhely)로 이동하여 헝가리에서 가장 긴 현수교를 걸어보세요. 이 현수교는 젬플레인 어드벤처 파크(Zemplén Adventure Park)의 일부로 700미터이며, 주변 산과 숲의 숨막히는 전경을 볼 수 있습니다. 와인 시음 전후로 아드레날린이 솟구치는 짜릿한 경험을 할 수 있는 곳이지요.

토카이 와인 산지의 유네스코 세계문화유산 탐방하기
토카이 와인 산지는 2002년 유네스코 세계문화유산으로 등재되어 있습니다. 수 세기 동안 이어져 온 와인 양조 전통과 이와 관련된 독특한 역사와 자연 명소를 탐험해보세요.

ABOUT
KOREAN CUISINE

A KOREAI
KONYHÁRÓL

한식을 소개합니다

Korean culture has captured the world's attention, with cultural icons like K-pop and K-dramas and movies winning hearts everywhere. As global fascination with these cultural icons has grown, so has curiosity about what K-pop stars and K-drama characters are eating and drinking. This interest has shone a spotlight on another vital aspect of Korean culture that has been quietly gaining global recognition: Korean cuisine.

BALANCE AND HARMONY ARE KEY

Korean cuisine is far more than just a meal; it's a vibrant reflection of Korea's deep-rooted philosophy, geography and history. Korean cuisine is all about balance and harmony. This philosophy of food revolves around the concept of yin and yang and the five elements theory, which emphasizes the balance of opposites and the harmony of different tastes, colours and textures.

GREEN	RED	YELLOW	WHITE	BLACK
Tree	Fire	Earth	Metal	Water
Liver	Heart	Pancreas	Lungs	Kidneys
Sourness	Bitterness	Sweetness	Spiciness	Saltiness

These five different colours present in Korean dishes, for example Bibimbap, represent different elements in the universe, our internal organs (our body is viewed as a small universe!) and taste.

The key to Korean cuisine is achieving a perfect balance between these aspects.

Another fundamental philosophy in Korean cuisine is the idea that food and medicine share a common origin. This belief holds that illness arises when the body's natural harmony is disrupted, and that food, just like medicine, can help restore the balance which can also promote health and prevent disease. This concept is often depicted in many Korean historical dramas too. A great example is Baesuk (pear & ginger tea), traditionally served to help treat cold as ginger has warming properties.

KOREAN RICE TABLE: VARIETY AND HEALTHINESS

Rice is the cornerstone of Korean cuisine, as a staple that also stands as the star of the table . It is accompanied by soup or stew, kimchi and of course, an array of banchan which create a harmonious meal. Banchan - usually made with vegetables, seaweed, meat, fish, etc., are the side dishes that add layers of flavour, colour and texture to the meal, making each meal more vibrant.

The Korean rice table maintains a balance of 80% plant-based foods and 20% animal-derived foods, contributing to its reputation for healthiness. The plant-based foods include vegetables, foraged wild greens, mushrooms, seaweed and beans, all sourced from Korea's diverse natural landscape of seas, mountains, rivers and fields.

SEASONALITY, NATURALNESS AND FERMENTATION

Koreans have always paid close attention to the changing seasons. Traditionally, they followed a calendar that divided the year into 24 micro-seasons. Each micro-season was celebrated with specific dishes made from fresh, seasonal ingredients, ensuring that meals were always in harmony with nature's rhythms.

Fermentation is another cornerstone of Korean cuisine. Kimchi, Korea's celebrated national dish, is made from a variety of seasonal vegetables. Beyond kimchi, fermented foods such as jang—ganjang (Korean soy sauce), doenjang (Korean soybean paste) and gochujang (Korean red chilli paste)—all soybean-based fermented sauces, are the foundation of Korean flavours. Much like fine wine, some jang, particularly ganjang, is aged, with its depth and intensity increasing over time.

What sets Korean fermentation apart is its connection to nature; it's traditionally wild fermented, relying on the natural bacteria and yeast present in the ingredients and surroundings.

FOOD FOR EVERY MOOD

In Korean cuisine, certain dishes are perfectly suited for specific moods and occasions. If you've watched K-dramas, you might have noticed characters enjoying jeon (pancakes) on rainy days. Some say it's because the sound of raindrops hitting the ground resembles the sizzling of pancakes in the pan, but it's also because these hot, savoury bites can lift a gloomy spirit.

Korean food is full of these connections between meals and moments. For instance, miyeok-guk (seaweed soup) is traditionally eaten on birthdays, tteokguk (rice cake soup) is a must on Seollal (New Year's Day), and jjajangmyeon (black bean noodles) is often enjoyed on moving days. Each of these dishes comes with its own unique story and significance.

The Korean dishes introduced in this book follow the Hansik Menu Foreign Language Notation of Korean Food Promotion Institute (KFPI)

The basic units of measurement are metric, with 1 cup=250ml, 1 tablespoon=15ml, 1 teaspoon=5ml.

A koreai kultúra világszerte nagy figyelmet kapott, hiszen olyan kulturális jelenségek, mint a K-pop, a koreai drámák és filmek mindenhol meghódították az emberek szívét. Ahogy globálisan nőtt a rajongás ezen kulturális javak iránt, úgy nőtt a kíváncsiság is, hogy mit esznek és mit isznak a K-pop-sztárok és a K-drámák szereplői. Ez az érdeklődés reflektorfénybe helyezte a koreai kultúra egy másik fontos aspektusát, amely szép csendben egyre nagyobb globális elismertségre tesz szert: a koreai konyhát.

AZ EGYENSÚLY ÉS A HARMÓNIA A KULCS

A koreai konyha sokkal több, mint egyszerű étel; Korea mélyen gyökerező filozófiájának, földrajzának és történelmének élénk tükröződése. A koreai konyha az egyensúlyról és a harmóniáról szól. Ez az ételfilozófia a jin és jang, valamint az öt elem elmélete körül forog, amely az ellentétek egyensúlyát és a különböző ízek, színek és textúrák harmóniáját hangsúlyozzák ki.

ZÖLD	PIROS	SÁRGA	FEHÉR	FEKETE
Fa	Tűz	Föld	Fém	Víz
Máj	Szív	Hasnyálmirigy	Tüdő	Vese
Savanyú	Keserű	Édes	Fűszeres	Sós

Ez az öt különböző szín, amely jelen van a koreai ételekben, például a Bibimbapban, az univerzum különböző elemeit, testünk szerveit (testünket egy kis univerzumnak tekintjük!) és az ízeket jelképezik.

A koreai konyha kulcsa a tökéletes egyensúly elérése ezen szempontok között.

A koreai konyha másik alapvető filozófiája az az elképzelés, hogy az étkezés és a jóllét, valamint a gyógyítás közös eredetűek. E hit szerint betegség akkor keletkezik, amikor a test természetes harmóniája megbomlik, és az ételek, akárcsak a gyógyszerek, segíthetnek helyreállítani az egyensúlyt, ami így elősegítheti az egészséget és megelőzheti a betegségeket. Ezt a felfogást gyakran ábrázolják számos koreai történelmi drámában is. Remek példa erre a Baesuk (körte- és gyömbértea), amelyet hagyományosan a megfázás kezelésére kínálnak, mivel a gyömbérnek melegítő tulajdonságai vannak.

KOREAI RIZSASZTAL: VÁLTOZATOSSÁG ÉS EGÉSZSÉG

 A rizs a koreai konyha alapköve, mint alapétel, amely egyben az asztal sztárja is, leves vagy ragu, kimchi és természetesen banchanok széles választéka kíséri, amelyek harmonikus étkezést biztosítanak. A banchanok – általában zöldségekből, tengeri algából, húsból, halból stb. készülnek – azok a kisköretek, amelyek íz-, szín- és textúrarétegeket adnak az ételhez, és az ízeket változatosabbá, izgalmasabbá teszik. A koreai rizsasztal 80%-ban növényi és 20%-ban állati eredetű ételeket tartalmaz, ami hozzájárul az egészséges táplálkozáshoz. A növényi alapú élelmiszerek közé tartoznak a zöldségek, a vadon termő zöldségek, gombák, tengeri algák és babok, amelyek mind Korea változatos természeti tájairól, a tengerekből, hegyekből, folyókból és mezőkről származnak.

SZEZONALITÁS, TERMÉSZETESSÉG ÉS FERMENTÁLÁS

A koreaiak mindig is nagy figyelmet fordítottak az évszakok változására. Hagyományosan egy olyan naptárat követtek, amely az évet 24 mikroévszakra osztotta. Minden egyes mikroévszakot friss, szezonális alapanyagokból készült különleges ételekkel ünnepeltek, biztosítva ezzel, hogy az ételek mindig összhangban legyenek a természet ritmusával.

Az erjesztés, a fermentálás a koreai konyha másik alapköve. A kimchi, Korea ünnepelt nemzeti étele, különféle szezonális zöldségekből készül. A kimchin kívül az erjesztett élelmiszerek, mint a jang-ganjang (koreai szójaszósz), doenjang (koreai szójababpaszta) és gochujang (koreai vöröscsili-paszta) – minden szójaalapú erjesztett szósz, a koreai ízek alapját képezik. A jó borokhoz hasonlóan a jangot, különösen a ganjangot, érlelik, és idővel egyre mélyebbé és intenzívebbé válik.

A koreai erjesztést a természethez való kapcsolódása teszi különlegessé; hagyományosan vadon erjesztenek, az összetevőkben és a környezetben jelen lévő természetes baktériumokra és élesztő-gombákra támaszkodva.

ÉTELEK MINDEN HANGULATHOZ

A koreai konyhában bizonyos ételek tökéletesen illeszkednek bizonyos hangulatokhoz és alkalmakhoz. Ha néztünk már K-drámákat, talán megfigyelhettük, hogy a szereplők esős napokon szívesen fogyasztanak jeont (palacsintát). Egyesek szerint azért, mert az esőcseppek földre csapódásának hangja hasonlít a serpenyőben sült palacsinta sercegésére, de azért is, mert ezek a meleg, finom falatok képesek feldobni a borongós hangulatot.

A koreai ételek tele vannak ilyen kapcsolódásokkal az ételek és pillanatok között. A miyeok-gukot (hínárleves) például hagyományosan születésnapokon fogyasztják, a tteokguk (rizsnudlileves) elengedhetetlen a koreai újév napján (Seollal), a jjajangmyeont (fekete babos tészta) pedig gyakran fogyasztják költözéskor. Mindegyik ételnek megvan a maga különleges története és jelentősége.

A könyvben bemutatott koreai ételek a Koreai Étel Promóciós Intézet (KFPI) Hansik Menu Idegennyelvi Jelölését követik.

Az alapvető mértékegységek metrikusak, 1 csésze = 250 ml, 1 evőkanál = 15 ml, 1 teáskanál = 5 ml.

K팝과 K-드라마, 영화와 같은 문화 아이콘이 전 세계인의 마음을 사로잡으며 한국 문화가 큰 주목을 받고 있습니다. 그와 동시에 K팝 스타들이나 K-드라마 속 주인공들이 어떤 음식을 먹고 마시는지에 대한 관심도 높아지고 있죠. 이렇듯 세계인의 관심은 한류의 바람을 타고 한식으로 이어졌습니다.

균형과 조화를 담아내다
한식은 단순한 식사를 넘어 한국의 뿌리 깊은 철학, 지리와 역사가 담겨있는 음식입니다. 한식에 있어서 균형과 조화를 이루는 것이 핵심이며, 음양오행사상을 바탕으로 상반된 요소들의 균형과 다양한 맛, 색, 질감의 조화를 중요시합니다.

초록색	붉은색	노란색	흰색	검정색
나무	불	흙	쇠	물
간	심장	비장	폐	신장
신맛	쓴맛	단맛	매운맛	짠맛

비빔밥과 같이 한식에 등장하는 오방색은 우주의 다양한 원소,
우리 몸의 기관(동양 철학에서는 우리 몸을 소우주로 봅니다), 맛을 상징합니다.

한식의 핵심은 이러한 요소들의 균형을 담아내는 것입니다.

한식의 또 다른 기본 철학 중 하나는 약식동원 사상(음식과 약은 그 근본이 같다) 입니다. 신체의 균형이 깨질 때 질병이 발생할 수 있으며, 균형을 회복하고 건강을 증진시키기 위해 음식과 약은 같은 작용을 한다는 개념입니다. 사극에서도 자주 등장하는 약식동원 사상의 예로 배숙(배생강차)이 있는데, 생강의 따뜻한 성질 덕분에 감기를 완화하는데 도움이 된다고 여겼던 음식입니다.

다양하고 건강한 한식 반상

밥은 한식에서의 주식이자 식사의 중심으로, 국이나 찌개, 김치는 물론 다양한 반찬과 함께 조화로운 식사를 이룹니다. 반찬은 채소, 해조류, 육류, 생선 등으로 만들어지며, 식사에 다채로운 맛과 색감과 더불어 다양한 식감을 더해 주는 역할을 합니다.

한식 반상에서는 식물성 식품과 동물성 식품이 8:2의 균형을 유지하여 건강식으로 알려져 있습니다. 식물성 식품에는 채소, 나물, 버섯, 해조류, 콩 등 산과 들, 바다와 강에서 얻을 수 있는 다양한 식재료가 포함됩니다.

제철 – 자연 – 발효음식

한국인들은 예로부터 계절의 변화를 세심하게 관찰하며 생활했습니다. 한 해를 24절기로 나눈 달력을 따랐는데, 각 절기마다 제철 식재료로 만든 특징적인 음식을 만들어 먹으며 자연과 조화를 이루려고 했습니다 .

발효 또한 한식의 중요한 요소 중 하나입니다. 한국의 대표적인 음식인 김치는 다양한 제철 채소로 만들어지며, 김치 외에도 간장, 된장, 고추장 등 콩을 발효시켜 만든 장류는 한식 고유의 맛의 기본이 됩니다. 특히 간장은 오래 숙성될수록 그 맛이 깊어지며, 고급 와인처럼 시간이 지날수록 더 진하고 복합적인 풍미를 자랑합니다.

한국식 발효의 특징은 자연과의 연관성에 있습니다. 전통적으로 자연 발효 방식을 통해 원재료와 주변 환경에 있는 자연균과 효모를 이용하여 발효합니다.

다양한 상황에 맞는 음식

한국 음식에는 다양한 상황에 딱맞는 요리가 있습니다. K-드라마를 본적이 있다면 비 오는 날 전을 먹는 장면을 본 적이 있을 겁니다. 빗소리가 전이 지글지글 익어가는 소리와 닮아서라는 이야기도 있지만, 따뜻하고 고소한 전이 우중충한 날씨에 기분을 북돋아주기 때문이기도 하죠.

한식은 이렇게 음식과 상황을 연결해주는 매력이 있습니다. 예를 들어, 미역국은 생일에 꼭 먹어야하는 음식이고, 떡국은 설날에 빠질 수 없는 음식입니다. 또 이사하는 날에는 짜장면을 먹기도 하죠. 이런 음식들은 각자 고유의 이야기와 의미를 담고 있어 더 특별하게 느껴집니다.

이 책에 소개한 한식의 영문 명칭은 한식진흥원의 표기법을 따랐습니다.
기본적인 계량 단위는 미터법으로 1컵=250ml, 1큰술=15ml, 1작은술=5ml 기준입니다.

HOW TO ENJOY A KOREAN
RICE TABLE

There is no set order for enjoying the various dishes laid out on a Korean rice table. The beauty of this dining experience lies in creating your own combinations with each mouthful. The goal is to explore differing balance and harmony of flavours and textures. With each mouthful including a combination of rice, banchan, kimchi and/or a bit of soup.

A spoon and chopsticks are typically used on a Korean rice table – the spoon for rice and soup and chopsticks for various banchan and kimchi. If you are right-handed, you'll find yourself rotating between spoon and chopsticks with each new bite.

A HAGYOMÁNYOS KOREAI
ÉTKEZÉS MŰVÉSZETE

A hagyományosan elrendezett koreai asztalon (ún. Hanjeongsik) az egyes ételeknek nincs meghatározott sorrendje. Ennek a fajta étkezésnek a szépsége abban rejlik, hogy mindenki falatról falatra alkotja meg a saját ízélményét. A cél a különböző ízek és textúrák egyensúlyának felfedezése. Minden falatba kerül rizs, banchan, kimchi és/vagy egy kevés leves. A koreai étkezésnél általában kanalat és evőpálcikát használnak – kanalat a rizshez és a leveshez, evőpálcikát a különböző kisköretek és kimchi fogyasztásához. Aki jobbkezes, az az étkezés során minden bizonnyal falatonként váltogatja a két evőeszközt.

한식 제대로 즐기는 방법

한 상 가득 차려진 한식 반상을 즐기는 데는 정해진 순서가 없습니다. 한식의 매력은 한입 한입, 다양한 조합을 만들어가며 먹는 데 있죠. 상에 차려진 밥, 반찬, 김치와 국/찌개를 따로 또는 함께, 조화롭게 즐기는 것입니다.

한식에서는 수저를 사용하여 식사를 하는데요. 밥과 국은 숟가락으로, 반찬과 김치는 젓가락으로 먹는게 기본입니다. 예를 들어, 오른손잡이라면 오른손으로 숟가락과 젓가락을 번갈아 가며 사용하며 식사합니다.

SIMILARITIES BETWEEN KOREAN AND HUNGARIAN CUISINE

As you learn more about Korean and Hungarian cuisine, you may discover more similarities. Although the two countries are separated by distance, their food traditions show a deep connection between the two different cuisines. These similarities highlight a common love for bold flavours, hearty soup dishes and respect for seasonality.

THE BOLD FLAVOUR LOVERS - GARLIC & CHILLI PEPPER

Both cultures have a deep appreciation for garlic and chilli pepper, using these ingredients as basic elements in their cooking. In Korean cuisine, garlic and chilli pepper are central to the flavour profiles of many dishes, from the refreshing kick of kimchi to the fiery zing of gochujang (Korean red chilli paste). Similarly, in Hungarian cuisine, garlic and paprika are indispensable in many dishes, adding depth and spiciness to iconic dishes like gulyás (goulash) and paprikash.

SOUP PEOPLE

A love for hearty soups is another connection between the two cuisines. In Hungary, gulyás is the national dish—a hearty paprika-infused soup made with tender meat and vegetables. In Korea, yukgaejang (spicy beef soup) offers a similar experience, with its hearty, spicy broth filled with shredded beef and vegetables.

SAVOURING THE SEASONS

Seasonality is central to both cuisines, with a focus on preserving and fermenting seasonal produce to enjoy throughout the year. In Korea, making kimchi is a longtime tradition that ensures a supply of vegetables even in the cold months. Hungary's savanyú káposzta (sour cabbage) plays a similar role, offering vitamin-rich preserved vegetables during winter. The tradition of fermenting cucumbers in the summer is also a shared practice in both countries.

HASONLÓSÁGOK A KOREAI ÉS A MAGYAR KONYHA KÖZÖTT

A koreai és a magyar konyhát jobban megismerve, számos hasonlóságot fedezhetünk fel. Bár a két országot jelentős földrajzi távolság választja el egymástól, az étkezési hagyományok szoros kapcsolódást mutatnak a két különböző konyha között. Ezek a hasonlóságok elsősorban a bátor, markáns ízek iránti közös szeretetet, a kiadós leveseket és a szezonalitás fontosságát emelik ki.

A BÁTOR ÍZEK SZERELMESEI – FOKHAGYMA ÉS CSILIPAPRIKA

Mindkét kultúra nagyra értékeli a fokhagymát és a csilipaprikát, ezt a két hozzávalót alapelemként használják a főzésükben. A koreai konyhában a fokhagyma és a csilipaprika számos étel ízvilágának központi eleme, a kimchi frissítő erejétől a gochujang (koreai vöröscsili-paszta) tüzes csípősségéig. Hasonlóképpen, a magyar konyhában a fokhagyma és a paprika számos ételhez nélkülözhetetlen, ami hozzájárul az olyan ikonikus ételek jellegzetes fűszerességéhez, mint a gulyás és a csirkepaprikás.

LEVESES NEMZETEK

A kiadós levesek szeretete egy másik hasonlóság a két konyha között. Magyarországon a gulyás az egyik nemzeti étel – egy gazdag, paprikával ízesített, omlósra főzött húsokból és zöldségekből készült, sűrű leves vagy ragu. Koreában hasonló élményt nyújt a yukgaejang (fűszeres marhahúsleves), ami darabolt marhahússal, zöldségekkel, sűrű, fűszeres lével készül.

AZ ÉVSZAKOK ÍZEI

A szezonalitás mindkét konyhában központi szerepet játszik. Hangsúlyt fektetnek az idényjellegű zöldségek, gyümölcsök tartósítására, befőzésére és savanyítására, hogy aztán egész évben élvezhessék azokat. Koreában a kimchi készítése régi hagyomány, amely a hidegebb hónapokban is biztosítja a zöldségkészletet. Magyarországon a savanyú káposzta játszik hasonló szerepet, hiszen vitaminokban gazdag, tartósított zöldségeket biztosít télen. A kovászos uborka nyári készítésének rítusa szintén közös gyakorlat a két országban.

서로 닮은 점이 많은 한국과 헝가리 음식

한국과 헝가리 음식을 더 알면 알수록 의외로 닮은 면을 많이 찾아볼 수 있습니다. 지리적으로는 멀리 떨어져있지만 식문화에 있어서는 서로 통하는 부분이 많다는 것을 알 수 있는데요. 특히 강렬한 맛을 좋아하고 국물 요리를 좋아하는 것, 또 제철 식재료와 음식을 중요하게 여기는 점에서 두 나라 식문화의 공통된 특징이 잘 드러납니다.

고추와 마늘을 사랑하는 두 나라

두 나라 모두 고추와 마늘에 대한 깊은 애정을 가지고 있고, 이 두 재료를 요리의 기본 재료로 사용합니다. 한식의 대표적인 음식인 김치의 알싸하고 매콤한 맛도 고추와 마늘이 잡아주고, 고추장의 매운 감칠맛에도 고추는 빠질 수 없는 식재료이죠. 대표적인 헝가리 음식인 구야쉬(굴라쉬; gulyás)나 파프리카쉬(paprikás)의 묵직한 매콤한 맛을 내는데도 고추와 마늘은 빠질 수 없는 재료입니다.

국물의 민족

뜨끈한 국물 요리에 대한 사랑도 두 식문화의 닮은 점입니다. 파프리카 가루를 넣어 먹음직스러운 빨간 국물이 특징인 헝가리의 국민 수프 구야쉬(굴라쉬; gulyás)는 부드러운 고기와 뿌리 채소가 어우러진게 특징인데요. 한국에는 부드럽게 찢어진 고기와 채소가 듬뿍 들어간 얼큰한 육개장이 있습니다.

계절을 음미하는 방법

두 식문화 모두 제철 식재료의 가치를 중요하게 여기며, 예로부터 발효와 절임 등의 방법으로 보존성을 높였습니다. 한국에서는 김장 문화가 오랜 전통으로 자리 잡아 추운 겨울철에도 신선한 채소를 섭취할 수 있게 하였습니다. 헝가리의 사바뉴 카포슈타(savanyú káposzta)도 비슷한 목적에서 만들어 졌고, 겨울철에도 비타민이 풍부한 채소 공급을 담당하였습니다. 또한 여름에 오이를 절이는 것도 한국과 헝가리 모두에서 찾아볼 수 있습니다.

KOREAN RECIPES WITH HUNGARIAN WINE PAIRINGS

KOREAI RECEPTEK MAGYAR BOR-PÁROSÍTÁSSAL

한식 레시피와 헝가리 와인 페어링

BANCHAN

In a Korean rice table, an array of banchan—Korean side dishes—adds colour, texture and flavour, creating the perfect balance. From the freshness of namul (seasoned vegetables) to the rich flavours of jorim (braised dishes), there's so much variety to explore. Crafted with simple seasonings, banchan lets the natural essence of fresh ingredients shine, making them an ideal pairing with Hungarian wines, whether enjoyed alongside rice or savoured all on their own.

BANCHAN

A koreai étkezőasztalról sosem marad el a rizs, a kimchi, valamilyen tápláló leves, valamint az ún. banchan. Ezek apró tányérkákban tálalt, különböző zöldségek, amelyeket az ételhez köretként fogyasztanak. Ezek lehetnek nyersen, párolva vagy savanyítva tálalt zöldségek, vadon termő növények, gyökerek, csírák, hajtások, vagy néhány falatnyi bundázott zöldség, tócsniféle, néha hús is. A banchan változatossága egyensúlyt és harmóniát teremt az ételek színei, textúrái és ízei szempontjából. Egészen a namul (fűszerezett zöldségek) fogásoktól, a jorim (párolt ételek) fogásokig és még sok másig kiterjedően! Az egyszerű fűszerezéssel készült banchan kiemeli a friss alapanyagok természetes ízeit és jól illik a borokhoz, akár rizzsel, akár önálló fogásként tálaljuk.

반찬

각양각색의 반찬은 다양한 색감, 식감과 맛으로 우리의 식탁에 조화와 균형을 가져다줍니다. 각종 심플한 양념으로 식재료 고유의 향미를 부각시킨 나물부터 전, 조림, 볶음, 무침 등 반찬의 종류는 무궁무진합니다. 반찬은 밥과 곁들인 식사 혹은 그 자체로도 훌륭한 와인 안주가 됩니다.

BEOSEOT-NAMUL

SEASONED MUSHROOMS

INGREDIENTS 𝟖𝟖𝟖𝟖

300g oyster mushrooms *(or chanterelle mushrooms if in season)*
½ teaspoon salt *(for blanching)*

YANGNYEOM (SEASONING)
1 teaspoon guk-ganjang
(Korean light soy sauce)
¼ teaspoon salt
1 teaspoon sesame oil
1 teaspoon toasted & roughly
ground sesame seeds
½ teaspoon minced green onion
¼ teaspoon minced garlic

Trim the ends of the oyster mushrooms and pull the mushrooms apart into thin strips using both hands. Fill a pan with water, bring to the boil and add salt. Blanch the mushrooms for around 1 minute. Drain and shock in cold water. Squeeze out excess water from the mushrooms with both hands.

In a bowl, combine the soy sauce, salt, sesame oil, sesame seeds, minced green onion and garlic and mix thoroughly. Add the cooked mushrooms and toss well.

AEHOBAK-NAMUL
SEASONED ZUCCHINI

INGREDIENTS 𝟖𝟖𝟖𝟖

1 zucchini *(around 250g)*
½ teaspoon salt
½ tablespoon vegetable oil

YANGNYEOM (SEASONING)
1 teaspoon minced garlic
½ cup sliced onion
1 teaspoon saeu-jeot *(salted shrimp)* or
½ tablespoon guk-ganjang
(Korean light soy sauce)
½ teaspoon sesame oil
1 teaspoon toasted & roughly
ground sesame seeds

Halve the zucchini lengthways and slice into half-moon shaped slices. Sprinkle with salt and toss gently. Leave for 10 minutes and wipe away the moisture with a clean towel (or kitchen paper).

Heat a pan over medium heat and coat it with vegetable oil. Add the minced garlic and let it sizzle until fragrant. Add the sliced onion and zucchini to the pan and stir-fry for around 2 minutes until translucent. Add the salted shrimp and sesame oil and stir-fry for an extra minute. Finish with the sesame seeds.

BEOSEOT-NAMUL

FŰSZEREZETT GOMBÁK

HOZZÁVALÓK 웃웃웃웃

300 g laskagomba *(vagy szezonban rókagomba)*
½ teáskanál só *(a blansírozáshoz)*

YANGNYEOM (FŰSZEREZÉS)
1 teáskanál guk-ganjang
(koreai világos szójaszósz)
¼ teáskanál só
1 teáskanál szezámolaj
1 teáskanál pirított és durvára őrölt szezámmag
½ teáskanál finomra aprított újhagyma
¼ teáskanál finomra aprított fokhagyma

Vágjuk le a laskagomba szárát, és kézzel tépkedjük szét a gombát vékony csíkokra. Töltsünk meg egy lábast vízzel, forraljuk fel, és sózzuk meg. Blansírozzuk a gombát körülbelül 1 percig. Csepegtessük le, majd sokkoljuk hideg vízben. Nyomkodjuk ki a felesleges vizet a gombákból.

Egy tálban keverjük össze a szójaszószt, a sót, a szezámolajat, a szezámmagot, a felaprított újhagymát, a fokhagymát, és alaposan keverjük össze. Adjuk hozzá a főtt gombát, és jól forgassuk össze.

AEHOBAK-NAMUL

FŰSZEREZETT CUKKINI

HOZZÁVALÓK 웃웃웃웃

1 cukkini *(kb. 250 g)*
½ teáskanál só
½ evőkanál növényi olaj
½ csésze szeletelt vöröshagyma

YANGNYEOM (FŰSZEREZÉS)
1 teáskanál apróra vágott fokhagyma
1 teáskanál saeu-jeot *(sózott garnélarák)*
vagy ½ evőkanál guk-ganjang
(koreai világos szójaszósz)
½ teáskanál szezámolaj
1 teáskanál pirított és durvára őrölt szezámmag

A cukkinit hosszában félbevágjuk, és félhold alakú szeletekre vágjuk. Szórjuk meg sóval, és óvatosan forgassuk össze. Hagyjuk állni 10 percig, majd egy tiszta konyharuhával (vagy papírtörlővel) töröljük le róla a nedvességet.

Melegítsünk fel egy serpenyőt közepes lángon, és adjuk hozzá a növényi olajat. Tegyük bele a felaprított fokhagymát, és hagyjuk sercegni, amíg illatos lesz. Adjuk hozzá a felszeletelt vöröshagymát és cukkinit, és kevergetve süssük körülbelül 2 percig, amíg áttetszővé válik. Ízesítsük a sózott garnélarákkal és a szezámolajjal, és további egy percig kevergetve pirítsuk. Végül szórjuk meg szezámmaggal.

버섯나물

재료 👨👨👨👨

느타리버섯 (제철 샹트렐/꾀꼬리버섯) 300g
소금 ½작은술 (데침용)

양념
국간장 1작은술
소금 ¼작은술
참기름 1작은술
깨소금 1작은술
다진 파 ½작은술
다진 마늘 ¼작은술

느타리버섯은 밑동을 잘라내고 결대로 찢는다.

냄비에 물을 끓여 소금을 넣는다. 버섯을 1분 정도 데친 후 체에 밭쳐 냉수에 헹군다. 물기를 꼭 짠다.

볼에 양념 재료(국간장, 소금, 참기름, 깨소금, 다진 파, 다진 마늘)를 넣고 잘 섞어준다. 데친 버섯을 넣고 조물조물 무친다.

애호박나물

재료 👨👨👨👨

애호박 1개 (약 250g)
소금 ½작은술
식용유 ½큰술
양파 채 썬 것 ½컵

양념
다진 마늘 1작은술
새우젓 1작은술 (혹은 국간장 ½큰술)
참기름 ½작은술
깨소금 1작은술

애호박을 세로로 반으로 가르고 반달 모양으로 얇게 썰어준다. 소금을 뿌려 가볍게 섞고 10분 동안 절인다. 면보(혹은 키친타올)로 물기를 제거한다.

팬을 중불에서 예열하고 식용유를 두른다. 먼저 다진 마늘을 넣고 볶아 향을 낸다. 채썬 양파와 애호박을 넣고 2분 정도 볶아 살짝 투명해질 때까지 익혀준다. 새우젓과 참기름을 넣어 1분간 더 볶아준다. 깨소금을 넣고 마무리한다.

WHICH HUNGARIAN WINE
SHOULD I CHOOSE WITH IT?

Beoseot-namul pairs most excitingly with mineral-driven yet delicately aromatic wines, thanks to its clean, fresh taste and slight salinity. A dry or off-dry Tokaji Hárslevelű, with its charming floral notes, vibrant acidity and balanced roundness, is a perfect match for this dish.

Aehobak-namul's fresh, green crispiness, subtle salinity and the distinctive aroma of toasted sesame pair beautifully with vibrant white wines and semi-sparkling wines. An Egri Csillag or a carbonated semi-sparkling wine from the latest vintage would be a confident and excellent choice to pair with it.

MELYIK MAGYAR BORT
VÁLASSZAM HOZZÁ?

Tiszta, friss ízének, pici sósságának köszönhetően a fűszerezett gombák leginkább az ásványos, ám finoman illatos borokkal párosíthatóak a legizgalmasabban. A tokaji száraz vagy félszáraz Hárslevelű kedves virágossága, lendületes savai és az ezt egyensúlyozó kereksége tökéletes választás hozzá.

A fűszeres cukkíni friss, zöld roppanóssága, finom sóssága és a pirított szezám jellegzetes aromatikája az üde fehérborokkal és habzóborokkal harmonizál a legszebben. Bátran választhatunk hozzá egy Egri Csillagot vagy egy habzóbort a legfrissebb évjáratból.

어떤 헝가리 와인과 페어링하나요?

버섯나물은 특유의 깔끔하고 신선한 버섯향과 약간의 짭짤한 맛이 특징인 나물반찬입니다. 이런 특성 때문에 미네랄이 풍부하면서도 섬세하게 아로마틱한 와인과 잘 어울리죠. 매력적인 꽃향기와 생동감 있는 산미, 균형 잡힌 부드러움을 지닌 토카이(Tokaj) 지역의 드라이 또는 세미드라이 하르쉬레벨루(Hárslevelű)는 버섯나물과 좋은 조화를 보여줍니다.

애호박나물의 신선하고 풋풋한 아삭함, 은은한 짭조름함, 고소한 참기름 향은 생동감 있는 화이트 와인이나 약발포성 와인과 잘 어울립니다. 최신 빈티지의 에그리 칠락(Egri Csillag)이나 약간의 탄산감이 있는 약발포성 와인은 애호박나물과 멋지게 페어링됩니다.

JANGJORIM

BRAISED BEEF IN SOY SAUCE

INGREDIENTS ᎡᎡᎡᎡ

600g beef rump or shank
1 litre water
1 small onion, halved
1 green onion, cut into 10-cm length
1 slice *(around 10g)* ginger
1 dried red chilli pepper
1 teaspoon black peppercorns
additional 200ml cold water

FOR YANGNYEOM (SEASONING)
⅓ cup ganjang *(Korean soy sauce) (100ml)*
4 tablespoons sugar
8 cloves garlic

TO FINISH
8 kwari *(shishito)* peppers or sugar snap peas

Bring the water, onion, green onion, ginger, dried red chilli pepper and black peppercorns to the boil in a pan.

Cut the beef in half along the grain and pat dry with kitchen paper. Add to the boiling water. Continue boiling over high heat for 10 minutes. Add cold water to the pan and simmer over medium heat for around 40 minutes to 1 hour until the meat is tender. The meat should be tender enough to pull apart.

Pull the meat apart by hand into strips and sieve the broth through a fine sieve to filter out any impurities. You should have around 0.5 litres of broth at the end. Add the meat and broth to another pan with soy sauce, sugar and garlic. Bring to the boil and simmer for around 15 minutes until the garlic is completely cooked.

Make a hole in the peppers and put them into the pan. This is to ensure they absorb the sauce inside and cook properly. Braise for 5 minutes until translucent.

JANGJORIM

SZÓJASZÓSZBAN PÁROLT MARHAHÚS

HOZZÁVALÓK 유유유유

600 g marhafelsál vagy lábszár
1 liter víz
1 kisebb fej vöröshagyma, félbevágva
1 szál újhagyma, 10 cm hosszúra vágva
1 szelet *(kb. 10 g)* gyömbér
1 szárított piros csilipaprika
1 teáskanál fekete bors
további 0,2 liter hideg víz

A YANGNYEOMHOZ (FŰSZEREZÉS)
⅓ csésze ganjang *(koreai szójaszósz) (100 ml)*
4 evőkanál cukor
8 gerezd fokhagyma

A BEFEJEZÉSHEZ
8 kwari *(shishito)* paprika vagy cukorborsó

Egy edénybe öntsük bele a vizet, majd tegyük bele a vöröshagymát, az újhagymát, a gyömbért, a szárított piros csilipaprikát és a fekete borsot. Forraljuk fel.

Vágjuk a marhahúst a rostok mentén félbe, és papírtörlővel töröljük szárazra. Adjuk hozzá a forrásban lévő vízhez. Magas hőfokon 10 percig forraljuk tovább. Tegyünk hozzá hideg vizet, és közepes lángon főzzük tovább kb. 40 perc és 1 óra között, amíg a hús megpuhul. A húsnak annyira omlósnak kell lennie, hogy szálaira lehessen szedni.

A húst kézzel szedjük szálakra, az alaplevet egy finom szűrőn keresztül szűrjük át, a visszamaradt hozzávalókat eltávolítjuk. Az alaplének a végén körülbelül 0,5 liternek kell lennie. Tegyük a húst és az alaplevet egy másik edénybe a szójaszósszal, a cukorral és a fokhagymával együtt. Forraljuk fel, és főzzük lassú tűzön körülbelül 15 percig, amíg a fokhagyma teljesen megpuhul.

Kés hegyével kissé szúrjuk meg a paprikákat, és tegyük a fazékba. Ezzel biztosítjuk, hogy a szószt magukba szívják, és megfelelően megfőjenek. Pároljuk 5 percig, amíg áttetszővé válnak.

장조림

재료   🪑🪑🪑🪑

소고기 우둔/홍두깨 혹은 사태 600g
물 1 리터
양파(작은 것) 1 개, 반으로 자른 것
파 1대, 10cm 길이로 자른 것
생강 1 조각 (약 10g)
건고추 1개
통후추 1 작은술
차가운 물 0.2 리터

양념

간장 100ml
설탕 4 큰술
마늘 8쪽

마무리

꽈리고추 혹은 껍질콩 8개

냄비에 물, 양파, 파, 생강, 건고추, 통후추를 넣고 끓여준다.

고기는 결대로 반으로 자르고 키친타올로 핏물을 닦아준다. 끓는 물에 넣고 강불에 10분간 삶아준다. 찬물을 넣고 40분 ~ 1시간동안 고기가 부드러워질 때까지 중불에서 끓인다. 고기가 쉽게 찢을 수 있을 때까지 부드럽게 삶아져야 한다.

고기를 결대로 찢어주고 육수를 고운체에 받쳐 불순물을 제거한다. 육수는 500ml 정도가 나온다. 다른 냄비에 고기, 육수, 간장, 설탕, 마늘을 넣고 끓이고, 끓기 시작하면 약불로 마늘이 익을 때까지 15분 정도 졸인다.

꽈리고추를 콕 찔러 작은 구멍을 내고 냄비에 넣는다. 이렇게 작은 구멍을 내는 것은 고추 안으로 양념이 배고 잘 익을 수 있게 하기 위함이다. 고추가 살짝 투명해 질때까지 5분간 졸인다.

WHICH HUNGARIAN WINE SHOULD I CHOOSE WITH IT?

Generally, we pair red wine with beef, and this soy sauce-infused, spicy dish is indeed exciting with an Egri or Szekszárdi Bikavér. However, true connoisseurs choose Tokaji Aszú, which beautifully enhances the vibrant flavours of ginger and chili.

MELYIK MAGYAR BORT VÁLASSZAM HOZZÁ?

Alapvetően a marhához vörösbort kínálunk, és ez a szójaszószos, fűszeres fogás valóban izgalmas egy Egri vagy Szekszárdi Bikavérrel, de az igazi ínyencek Tokaji Aszút választanak hozzá, ami csodálatosan kiemeli a gyömbér és a csili izgalmas ízvilágát.

어떤 헝가리 와인과 페어링하나요?

일반적으로 소고기 요리엔 레드 와인을 매칭하죠. 간장에 푹 조려내고 생강, 고추의 매콤함이 살짝 더해진 장조림에는 에게르(Eger)나 섹자르드(Szekszárd) 지방의 비카베르(Bikavér)가 잘 어울립니다. 하지만 진정한 미식가라면 토카이 아수(Tokaji Aszú) 와인을 선택해보세요. 생강과 고추의 풍미를 멋지게 살려줄 것입니다.

JANGJORIM BUTTER BAP

BRAISED BEEF IN SOY SAUCE WITH BUTTERED RICE

INGREDIENTS 👥

1 cup jangjorim *(see recipe on p115)*
2 bowls of cooked rice
2 tablespoons minced danmuji
(Korean pickled radish, substitute with pickled cucumber)
2 tablespoons unsalted butter

SCRAMBLED EGG

4 eggs
⅛ teaspoon salt
1 tablespoons unsalted butter

In a bowl, crack the eggs and season with salt. Beat the eggs until well incorporated.
Melt the butter in a non-stick pan over medium-low heat. Pour in the egg mixture and swirl the mixture with a spatula to make scrambled egg.

Place cooked rice in the middle of 2 separate plates and then place 1 tablespoon of butter and 1 tablespoon of minced danmuji on the rice. Drizzle over a tablespoon of jangjorim broth. Top with scrambled egg and the rest of the jang-jorim.

JANGJORIM BUTTER BAP

SZÓJASZÓSZOS PÁROLT MARHAHÚS VAJAS RIZZSEL

HOZZÁVALÓK ♁♁

1 csésze jangjorim *(lásd a receptet a 116. oldalon)*
2 tál főtt rizs
2 evőkanál aprított danmuji *(koreai savanyított retek, helyettesíthető savanyú uborkával)*
2 evőkanál vaj

RÁNTOTTA
4 tojás
⅛ teáskanál só
1 evőkanál vaj

A tojásokat üssük fel egy tálba, sózzuk meg, majd villával verjük fel.

Olvasszuk fel a vajat egy tapadásmentes serpenyőben, közepesen alacsony hőfokon. Öntsük bele a tojáskeveréket, és forgassuk össze egy spatulával, hogy rántottát kapjunk.

Tálaljunk két külön tányér közepére főtt rizst, és tegyünk rá 1-1 evőkanál vajat és 1-1 evőkanál aprított danmujit. Locsoljuk meg egy evőkanál jangjorimaplével. A tetejére tegyük rá a rátottát és a maradék párolt marhát, azaz a jangjorimot.

장조림 버터밥

재료 ♁♁

장조림 1컵 (Pg.117 레시피 참고)
밥 2공기
다진 단무지(혹은 오이피클) 2큰술
무염 버터 2 큰술

계란 스크램블
계란 4개
소금 ⅛ 작은술
무염 버터 1 큰술

보울에 계란을 깨뜨려 넣고 소금으로 간을 하여 거품기로 잘 섞어준다.

팬을 중약불로 놓고 버터를 녹인다. 계란물을 넣고 실리콘 주걱으로 저어가며 계란 스크램블을 만든다.

그릇 두 개에 각각 밥을 담고 버터 1큰술과 다진 단무지 1큰술씩을 밥 중앙에 올린다. 장조림 국물 1큰술씩을 밥 위에 뿌려준다. 계란 스크램블과 나머지 장조림을 올린다.

WHICH HUNGARIAN WINE
SHOULD I CHOOSE WITH IT?

This dish is most exciting when paired with a mineral-driven dry white wine, particularly Furmint. The Furmint's elegant, subtly fruity, salty-mineral character creates a wonderful harmony with the dish's creamy yet fresh profile.

MELYIK MAGYAR BORT
VÁLASSZAM HOZZÁ?

Ez a fogás ásványos száraz fehérborral, azon belül is Furminttal a legizgalmasabb. A Furmint elegáns, nem túl intenzív gyümölcsös, sós-ásványos karaktere csodálatos harmóniát alkot a fogás krémes, ugyanakkor friss karakterisztikájával.

어떤 헝가리 와인과 페어링하나요?

장조림 버터밥은 푸르민트(Furmint)와 같이 미네랄이 풍부한 드라이 화이트 와인과 잘 어울립니다. 푸르민트의 우아하고 은은한 과실향과 짭짤한 미네랄 특성은 장조림 버터밥의 크리미하면서도 신선한 프로필과 훌륭한 조화를 이룹니다.

BAP & MYEON

RICE & NOODLES

The rice and noodle dishes in this chapter blend plenty of vegetables and protein into wholesome, flavourful meals. Seasoned with the complex flavours of jang—Korean soy-based fermented sauces—they burst with taste, especially when paired with a perfectly matched glass of Hungarian wine.

RIZS & TÉSZTAÉTELEK

Az ebben a fejezetben bemutatott rizs- és tészta-ételek kiegyensúlyozottan tartalmaznak számos zöldséget és fehérjét, így önmagukban is teljes értékű és ízletes fogásként tálalhatók. A janggal, koreai szójaalapú erjesztett szószokkal, például ganjanggal (koreai szójaszósz), doenjanggal (szójababpaszta) és gochujanggal (vöröscsili-paszta) fűszerezve ezek az ételek finom és összetett ízvilágot nyújtanak, amelyeket egy jól megválasztott pohár borral még tovább gazda-gíthatunk.

밥 & 면

이 챕터에서 소개하는 밥과 국수는 풍부한 채소와 단백질이 포함된 한 그릇 음식입니다. 건강하고 맛있어서 한 끼 식사로 충분한데요. 각종 장으로 양념하여 섬세하고 복합적인 풍미를 가지고 있는 디쉬, 그리고 잘 페어링 된 와인 한 잔과 함께 맛과 경험을 한 층 더 업그레이드 해보세요.

BIBIMBAP

RICE BOWL WITH VEGETABLES AND MEAT

INGREDIENTS 𝔸𝔸𝔸𝔸

2 cups short-grain rice *(sushi rice)*
2 ½ cups water

MARINATED BEEF
400g beef *(ribeye or other steak cuts)*,
cut into matchsticks
3½ tablespoons ganjang *(Korean soy sauce)*
1 tablespoon sugar
1 tablespoon minced garlic
1 teaspoon sesame oil
black pepper to taste

VEGETABLE TOPPINGS

STIR-FRIED MUSHROOMS
60g dried pyogo *(shiitake)* mushrooms
1 teaspoon guk-ganjang
(Korean light soy sauce)
¼ teaspoon salt
1 teaspoon sesame oil
1 teaspoon vegetable oil

STIR-FRIED ONIONS
200g onion, sliced
1 teaspoon vegetable oil
½ teaspoon salt

STIR-FRIED CARROTS
160g carrot, cut into thin matchsticks
1 teaspoon vegetable oil
½ teaspoon salt

SEASONED SPINACH
200g spinach
1½ teaspoon guk-ganjang
(Korean light soy sauce)
1 teaspoon sesame oil
1 teaspoon toasted & roughly
ground sesame seeds

FRIED EGG
4 eggs
salt to taste
vegetable oil

YANGNYEOM-JANG (MIXING SAUCE) 1 (SOY SAUCE BASED)
3 tablespoons ganjang *(Korean soy sauce)*
1 tablespoon water
1 tablespoon sesame oil
½ cup spring onions, sliced
1 mild green chilli pepper, chopped
1 teaspoon minced garlic
½ tablespoon toasted & roughly ground
sesame seeds

YANGNYEOM-JANG (MIXING SAUCE) 2 (GOCHUJANG BASED)
3 tablespoons gochujang
(Korean red chilli paste)
1 tablespoon water
1 teaspoon ganjang *(Korean soy sauce)*
1 tablespoon sesame oil

TIP
If you have leftover namul *(stir-fried zucchini & seasoned mushrooms on p109)* dishes, you can also use them as toppings.

In a fine sieve, rinse the rice under running water.
Combine the rice with water in a pan. Cover and bring to the boil. When boiling, turn the heat down to low and simmer for 15 minutes. Turn off the heat and leave for 5 minutes. Fluff the rice with a spatula.

Marinate the meat: In a bowl, combine the marinade ingredients and add the meat. Mix until well incorporated and set aside for 10 minutes.

Prepare the mushrooms: In a bowl, combine the dried mushroom with warm water and soak until fully rehydrated. Squeeze out the excess water using both hands and slice thinly. Season with light soy sauce, salt and sesame oil.

Stir-fry the onions, carrot and mushrooms: Heat a pan over medium heat, coat with vegetable oil and add the onion. Season with salt and stir-fry until translucent. Set aside.
In the same pan, add some extra vegetable oil (1 teaspoon) if needed. Add the carrot, season with salt and stir-fry until crisp. Set aside.
Again in the same pan, add 1 teaspoon of vegetable oil to coat. Stir-fry the mushrooms for around 1 minute until fragrant. Set aside

Seasoned spinach: In a small pan, bring 2 litres of water to the boil. Add the spinach and blanch for 30 seconds (for wild spinach, blanch for 1 minute). Drain in a colander and rinse under cold running water. Gently squeeze out the excess water and season with the light soy sauce, sesame oil and sesame seeds. Mix well and set aside.

Stir-fry the meat: Heat a frying pan over medium heat. Add the marinated meat and increase the heat to medium high. Cook, stirring well, until the meat is cooked through.

Fry the egg: Heat a frying pan over low heat. Add a small amount of vegetable oil and fry the egg. Season with salt.

Make Yangnyeom-jang (mixing sauce): Make your mixing sauce of choice by mixing the ingredients in a bowl.

To serve, place one bowl of cooked rice in each of the four bowls. Place the egg in the centre. Arrange each of the components in equal amounts. Serve with mixing sauce.

The rice, the toppings, and the sauce should be thoroughly mixed together with a spoon before eating.

BIBIMBAP

RIZSES TÁL ZÖLDSÉGEKKEL ÉS HÚSSAL

HOZZÁVALÓK ☷☷☷☷

2 csésze kerekszemű rizs *(pl. szusirizs)*
2 ½ csésze víz

PÁCOLT MARHAHÚS

400 g marhahús *(ribeye vagy más steak szelet)*,
gyufaszálakra szeletelve
3 ½ evőkanál ganjang *(koreai szójaszósz)*
1 evőkanál cukor
1 evőkanál finomra aprított fokhagyma
1 teáskanál szezámolaj
fekete bors ízlés szerint

ZÖLDSÉGES FELTÉTEK

PIRÍTOTT GOMBA

60 g szárított pyogo *(shiitake)* gomba
1 teáskanál guk-ganjang
(koreai világos szójaszósz)
¼ teáskanál só
1 teáskanál szezámolaj
1 teáskanál növényi olaj

PIRÍTOTT VÖRÖSHAGYMA

200 g vöröshagyma, szeletelve
1 teáskanál növényi olaj
½ teáskanál só

PIRÍTOTT SÁRGARÉPA

160 g sárgarépa, vékony gyufaszálakra
szeletelve
1 teáskanál növényi olaj
½ teáskanál só

FŰSZEREZETT SPENÓT

200 g spenót
1½ teáskanál guk-ganjang
(koreai világos szójaszósz)
1 teáskanál szezámolaj
1 teáskanál pirított és durvára őrölt szezámmag

TÜKÖRTOJÁS

4 tojás
só ízlés szerint
növényi olaj

YANGNYEOM-JANG (SZÓSZ) 1 (SZÓJASZÓSZALAPÚ)

3 evőkanál ganjang *(koreai szójaszósz)*
1 evőkanál víz
1 evőkanál szezámolaj
½ csésze újhagyma, vékonyra szeletelve
1 enyhén csípős zöld csilipaprika, finomra
aprítva
1 teáskanál finomra aprított fokhagyma
½ evőkanál pirított és durvára őrölt szezámmag

YANGNYEOM-JANG (SZÓSZ) 2 (GOCHUJANGALAPÚ)

3 evőkanál gochujang *(koreai csilipaszta)*
1 evőkanál víz
1 teáskanál ganjang *(koreai szójaszósz)*
1 evőkanál szezámolaj

TIPP

Ha van maradék namul *(pirított cukkini és
fűszerezett gomba a 110. oldalról)* fogásunk,
azokat is felhasználhatjuk feltétként.

Egy finom szűrőben, folyó víz alatt öblítsük le a rizst.

Egy edényben keverjük össze a rizst a vízzel. Tegyük rá a fedőt, és forraljuk fel. Amikor már forr, csökkentsük a hőfokot alacsonyra, és főzzük 15 percig. Kapcsoljuk le a tűzhelyet, és hagyjuk állni 5 percig. Egy spatulával lazítsuk fel a rizst.

Pácoljuk be a húst: Egy tálban keverjük össze a pác hozzávalóit, és adjuk hozzá a húst. Keverjük össze, amíg jól összeáll, és tegyük félre 10 percre.

Készítsük elő a gombát: Egy tálban keverjük össze a szárított gombát meleg vízzel és áztassuk be, amíg teljesen visszanyeri a nedvességét. Kézzel nyomkodjuk ki a felesleges vizet, és szeleteljük vékonyra. Fűszerezzük világos szójaszósszal, sóval és szezámolajjal.

Pirított vöröshagyma, sárgarépa és gomba: Hevítsünk fel egy serpenyőt közepes lángon, kenjük meg növényi olajjal, és adjuk hozzá a vöröshagymát. Fűszerezzük sóval, és kevergetve pirítsuk, amíg áttetszővé válik. Tegyük félre.
Ugyanebben a serpenyőben adjunk hozzá még egy kis növényi olajat (1 teáskanálnyit), ha szükséges. Adjuk hozzá a sárgarépát, sózzuk meg, és kevergetve pirítsuk ropogósra. Tegyük félre.
Ismét ugyanezt a serpenyőt kenjük meg 1 teáskanál növényi olajjal. Körülbelül 1 percig kevergetve pirítsuk a gombát, amíg illatossá válik. Tegyük félre.

Fűszerezett spenót: Egy kis lábasban forraljunk fel 2 liter vizet. Adjuk hozzá a spenótot, és 30 másodpercig blansírozzuk (vadspenót esetén 1 percig). Szűrőedényen csepegtessük le, és hideg folyóvíz alatt öblítsük le. Óvatosan nyomkodjuk ki, hogy eltávolítsuk a felesleges vizet, és ízesítsük világos szójaszósszal, szezámolajjal és szezámmaggal. Jól keverjük össze, és tegyük félre.

Süssük meg a húst: Hevítsünk fel egy serpenyőt közepes lángon. Tegyük bele a bepácolt húst, és emeljük a hőfokot közepesen magasra. Folyamatosan kevergessük és addig süssük, amíg a hús teljesen átsül.

Süssük meg a tojást: Hevítsünk fel egy serpenyőt alacsony hőfokon. Adjunk hozzá egy kis növényi olajat, és süssük meg a tojást. Sózzuk.

Készítsük el a jangnyeom-jangot (szószt): Az összes hozzávalót keverjük össze egy tálkában.

A tálaláshoz tegyünk egy-egy tál főtt rizst mind a négy tálba. Helyezzük a tojást a közepére. Rendezzük el körkörösen az egyes összetevőket egyenlő mennyiségben. Tálaljuk a szósszal. A rizst, a feltéteket és a szószt evés előtt kanállal alaposan keverje össze.

비빔밥

재료 8888

쌀 450g
물 625ml

소고기 볶음
소고기 (등심 혹은 불고기용) 채 썬 것 400g
간장 3½큰술
설탕 1큰술
다진 마늘 1큰술
참기름 1작은술
후춧가루 약간

채소 고명

버섯 볶음
마른 표고버섯 60g
국간장 1작은술
소금 ¼작은술
참기름 1작은술
식용유 1작은술

양파 볶음
양파 채 썬 것 200g
식용유 1작은술
소금 ½작은술

당근 볶음
당근 채 썬 것 160g
식용유 1작은술
소금 ½작은술

시금치 무침
시금치 잎부분 200g
국간장 1½작은술
참기름 1작은술
깨소금 1작은술

계란프라이
계란 4개
소금, 식용유 약간씩

양념장 1 (양념간장)
간장 3큰술
물 1큰술
참기름 1큰술
쪽파 송송 썬 것 ½컵
풋고추 1개 (다지기)
다진 마늘 1작은술
깨소금 ½ 큰술

양념장 2 (고추장 양념)
고추장 3큰술
물 1큰술
간장 1작은술
참기름 1큰술

팁
남는 나물 반찬 (애호박나물과 버섯나물 Pg.111)이
있다면 고명으로 써도 좋다.

쌀을 씻어 고운체에 밭친다. 냄비에 쌀과 물을 넣고 뚜껑을 닫고 끓인다. 끓어오르면 약불로 낮추고 15분간 끓인다. 불을 끄고 5분간 뜸을 들인다. 주걱으로 살살 섞어준다.

고기 재우기: 볼에 소고기볶음용 양념 재료와 소고기를 함께 넣고 잘 섞는다. 10분간 재운다.

버섯 준비하기: 마른 표고버섯과 따뜻한 물을 볼에 함께 넣고 불린다. 물기를 꼭 짠 다음 얇게 채를 썬다. 국간장, 소금, 참기름으로 밑간한다.

양파, 당근, 버섯 볶기: 팬을 중불에 달궈 식용유를 두르고 양파를 넣어 볶는다. 소금으로 간하고 살짝 투명해질 때까지 볶는다. 접시에 옮겨둔다.
팬에 기름기가 모자라면 식용유 1작은술을 보충한다. 당근을 넣고 소금으로 간한 후 살짝 부드러워질 때까지 볶는다. 접시에 옮겨 식힌다.
팬에 식용유 1작은술을 보충한 후 버섯을 넣고 약 1분간 볶아준다.

시금치 무침: 작은 냄비에 물 2리터를 끓인다. 끓어오르면 시금치 잎을 넣고 30초 동안 데친다(대가 있는 시금치일 경우 1분간 데친다). 채반에 쏟아낸 후 바로 찬물에 헹군다. 물을 꼭 짜낸 후 국간장, 참기름, 깨소금을 넣고 조물조물 무친다.

고기 볶기: 팬을 중불에 달군 후 고기를 넣고 중강불로 높인다. 계속 저어가며 고기가 충분히 익을 때까지 볶는다.

계란프라이: 팬을 약불에 달군 후 식용유를 약간 두르고 계란을 넣는다. 소금으로 간하고 마무리한다.

양념장 만들기: 두 개의 양념장 중에 기호에 맞는 것을 골라 양념 재료를 볼에 넣고 섞는다.

그릇에 밥 한 공기씩을 담는다. 계란프라이를 중앙에 놓고 비슷한 양의 채소 고명과 소고기볶음을 놓는다. 양념장과 함께 낸다. 먹기 전에 밥과 고명을 양념장과 함께 충분히 섞어준 후 먹는다.

WHICH HUNGARIAN WINE SHOULD I CHOOSE WITH IT?

Bibimbap is an iconic Korean dish. Bibimbap mixed with a soy sauce-based sauce pairs most harmoniously with neutral white wines with fresh acidity, such as Grüner Veltliner or Chardonnay. On the other hand, the version mixed with gochujang-based sauce is best enjoyed with a light, low-tannin red wine like Kadarka.

MELYIK MAGYAR BORT VÁLASSZAM HOZZÁ?

A bibimbap a koreai konyha egyik ikonikus fogása. Míg a szójaszószalapú szósszal készült Bibimbap neutrális, de jó savú fehérborokkal, például Zöldveltelinivel vagy Chardonnay-val a legharmonikusabb, addig a gochujangalapú szósszal készült változat egy könnyű, nem túl tanninos vörösborral, a Kadarkával a legfinomabb.

어떤 헝가리 와인과 페어링하나요?

비빔밥은 한국의 대표적인 전통 음식입니다. 양념간장으로 비빈 비빔밥은 그뤼너 펠트리너(Grüner Veltliner)나 샤르도네(Chardonnay)처럼 신선한 산미를 자랑하고 중성적인 맛을 지닌 화이트 와인과 잘 어울립니다. 반면, 고추장으로 비빈 비빔밥은 카다르카(Kadarka) 같이 가볍고 탄닌감이 낮은 레드 와인과 멋진 조합을 이루죠.

KIMCHI-BOKKEUM-BAP

KIMCHI FRIED RICE

INGREDIENTS 옷옷옷옷

1 cup *(125g)* lardons *(bacon cut into 5mm strips)*
½ cup spring onion, chopped
½ tablespoon ganjang *(Korean soy sauce)*
1½ cup *(210g)* sour baechu-kimchi
(cabbage kimchi), chopped
½ cup onion, chopped
1 tablespoon gochugaru *(Korean red chilli
powder)*, optional for extra heat
1 teaspoon sugar, optional
(add if kimchi is too sour)
4 bowls of cooked rice
salt and black pepper to taste
1 teaspoon sesame oil to finish

FRIED EGGS

4 eggs
salt to taste
vegetable oil

Heat a pan over medium-low heat and add the lardons. Stirring occasionally, render the fat from the lardon (the fat should be around 2 tablespoons). Add the spring onions and stir-fry until the oil is fragrant. Turn up the heat to medium, add the soy sauce and stir.

Add the kimchi and onion to the pan. Add gochugaru to add heat and sugar to balance the sourness of the kimchi. Stir-fry for around 3 minutes until the kimchi and onions are translucent and most of the liquid from the vegetables has evaporated.

Reduce the heat to low, add the rice to the pan and mix well so all the rice grains are coated evenly. Stir-fry for around 3 minutes and add salt and black pepper to taste. Drizzle with sesame oil to finish.

In a separate pan, fry the eggs. Serve the fried rice topped with a fried egg.

KIMCHI-BOKKEUM-BAP

KIMCHIS PIRÍTOTT RIZS

HOZZÁVALÓK 유유유유

1 csésze *(125g)* lardon
(5 mm-es csíkokra vágott húsos szalonna)
½ csésze újhagyma, finomra aprítva
½ evőkanál ganjang *(koreai szójaszósz)*
1½ csésze *(210g)* érett baechu-kimchi
(kínai kelből készült kimchi), apróra vágva
½ csésze vöröshagyma, apróra vágva
1 evőkanál gochugaru *(koreai csilipor)*,
ha valaki extra csípősen készítené
1 teáskanál cukor, nem kötelező
(akkor adjuk hozzá, ha a kimchi túl savanyú)
4 tál főtt rizs
só és fekete bors, ízlés szerint
1 teáskanál szezámolaj, a befejezéshez

TÜKÖRTOJÁS
4 tojás
só, ízlés szerint
növényi olaj

Melegítsünk fel egy serpenyőt közepesen ala-
csony hőfokon, és tegyük bele a húsos szalonnát.
Időnként megkeverve süssük ki belőle a zsírt
(a zsírnak körülbelül 2 evőkanálnyinak kell lennie).
Adjuk hozzá az újhagymát, és pirítsuk, amíg az
olaj illatossá válik. Emeljük a hőfokot közepesre,
adjuk hozzá a szójaszószt és keverjük meg.

Adjuk hozzá a kimchit és a vöröshagymát.
Adjunk hozzá gochugarut az extra csípősségért,
és cukrot, hogy ellensúlyozza a kimchi savanyú-
ságát. Körülbelül 3 percig pirítsuk, amíg a kimchi
és a vöröshagyma áttetszővé válik és a zöldségek
nedvességtartalmának nagy része elpárolog.

Csökkentsük a hőfokot alacsonyra, adjuk hozzá
a rizst és jól keverjük össze, hogy minden rizs-
szemet egyenletesen bevonjon a hagymás alap.
Körülbelül 3 percig pirítsuk, majd ízlés szerint
sózzuk és borsozzuk. A befejezéshez csepeg-
tessünk rá szezámolajat.

Egy külön serpenyőben süssük meg a tojásokat.
A sült rizst tükörtojással a tetején tálaljuk.

김치볶음밥

재료 ⁕⁕⁕⁕

베이컨 5mm 너비로 썬 것 125g
파 송송 썬 것 ½컵
간장 ½큰술

신김치 송송 썬 것 210g
양파 다진 것 ½ 컵
고춧가루 1큰술 (옵션: 매운맛 추가)
설탕 1작은술 (옵션: 김치 신맛이 강할 때)
밥 4공기
소금과 후춧가루 약간씩
참기름 1작은술 (마무리용)

계란프라이
계란 4개
소금, 식용유 약간씩

팬을 중약불에 달군 후 베이컨을 넣는다. 저어가며 천천히 볶아 베이컨에서 기름이 나오도록 한다(약 2큰술 정도). 파를 넣어 기름에서 향긋한 파 향이 날때까지 볶아준다. 중불로 높이고 간장을 넣어 저어준다.

김치와 양파를 넣고 기호에 따라 고춧가루와 설탕을 넣어 매운맛과 김치의 신맛을 조절한다. 김치와 양파가 살짝 투명해지고 수분이 날아갈 때까지 약 3분간 볶아준다.

약불로 줄이고 밥을 섞어 밥알이 잘 코팅되도록 섞어준다. 3분 정도 더 볶아준 후 기호에 따라 소금이나 후추를 넣는다. 참기름을 넣고 섞어 마무리한다.

별도의 팬에 계란프라이를 부쳐 볶음밥 위에 얹어낸다.

WHICH HUNGARIAN WINE
SHOULD I CHOOSE WITH IT?

Kimchi bokkeum-bap pairs just as well with a dry sparkling wine as it does with a vibrant Olaszrizling from the Balaton. The Olaszrizling's elegant, subtle aromatics and its tight, lively structure highlight the dish's rich and intense flavours beautifully, while the sparkling wine adds a refreshing energy to the experience.

MELYIK MAGYAR BORT
VÁLASSZAM HOZZÁ?

A kimchis pirított rizshez épp olyan jó passzol egy száraz pezsgő, mint egy üde balatoni Olaszrizling. Az Olaszrizling elegáns, visszafogott aromatikája, és feszes, lendületes struktúrája nagyon szépen kiemeli a fogás gazdag és intenzív ízeit, míg a pezsgő friss lendületet ad neki.

어떤 헝가리 와인과 페어링하나요?

김치볶음밥은 드라이한 스파클링 와인과도 잘 어울리지만, 발라톤 지역의 생동감 있는 올라스리즐링(Olaszrizling) 과도 훌륭한 조화를 이룹니다. 올라스리즐링의 우아하고 섬세한 아로마와 촘촘하면서도 생동감 있는 구조감이 김치볶음밥의 풍부하고 강렬한 맛을 잘 살려줍니다. 반면에 스파클링 와인은 이러한 경험에 상쾌한 활력을 더해줍니다.

JAPCHAE

STIR-FRIED GLASS NOODLES AND VEGETABLES

INGREDIENTS ჰჰჰჰ-ჰჰ

200g dangmyeon
(dried sweet potato glass noodles)
4-5 dried pyogo *(shiitake)* mushrooms
1½ cup onions, sliced
1 cup carrots, cut into matchsticks
120g oyster mushrooms
½ red bell pepper, sliced
½ yellow bell pepper, sliced
160g spinach leaves
salt to taste
2 tablespoons vegetable oil

MARINATED BEEF

100g beef *(rump or ribeye steak),* cut into matchsticks
1 tablespoon ganjang *(Korean soy sauce)*
1 teaspoon sugar
1 teaspoon minced garlic
1 teaspoon minced green onion
1 teaspoon sesame oil
½ teaspoon toasted & roughly ground sesame seeds
black pepper to taste

TO SEASON THE NOODLES

2 tablespoons ganjang *(Korean soy sauce)*
1 tablespoon sugar
1½ tablespoons sesame oil
black pepper to taste

TO GARNISH

1 teaspoon toasted sesame seeds

Soak the noodles in lukewarm water for 20-30 minutes. Soak the dried mushrooms in lukewarm water until rehydrated. Squeeze out the excess water from the mushrooms and slice thinly.

Trim the ends of the oyster mushrooms and pull the mushrooms apart into thin strips using both hands.

In a small bowl, combine the ingredients for the marinated beef. Mix thoroughly and leave for 10 minutes.

Heat a large pan over medium heat and coat with vegetable oil. Add the onions and carrots and stir-fry for 1 minute until the onion is semi-translucent. Then add the oyster mushrooms, red/yellow bell peppers and stir-fry for another minute. Season with salt. Add the spinach, stir well and quickly remove from the heat. Stir to cook the spinach with the residual heat. Season once more with salt. Set aside.

In the same pan, add the marinated meat and cook until the meat is cooked through. Add the shiitake mushrooms to the pan and stir-fry for another 30 seconds. Set aside.

Bring the water to the boil in a large pan. Drain the soaked noodles, add to the pan and cook for 2-3 minutes until the noodles are transparent. Cooking times may vary depending on the brand. The best way to test is to try a piece of noodle.

Drain the noodles and transfer to a big bowl. Mix with the soy sauce, sugar and sesame oil. Add black pepper to taste. If the noodles are long, cut them with scissors. Combine all the other cooked vegetables and meat and mix well.

Transfer to a plate and garnish with toasted sesame seeds.

JAPCHAE

PIRÍTOTT ÜVEGTÉSZTA ZÖLDSÉGEKKEL

HOZZÁVALÓK 吊吊吊吊-吊吊

200 g dangmyeon *(száraz, édesburgonya-keményítős üvegtészta)*
4-5 szárított pyogo *(shiitake)* gomba
1 ½ csésze vöröshagyma, felszeletelve
1 csésze sárgarépa, gyufaszálakra vágva
120 g laskagomba
½ piros kaliforniai paprika, szeletelve
½ sárga kaliforniai paprika, szeletelve
160 g spenótlevél
só ízlés szerint
2 evőkanál növényi olaj

PÁCOLT MARHAHÚS

100 g marhahús *(felsál vagy bordaszelet)*, gyufaszálakra vágva
1 evőkanál ganjang (koreai szójaszósz)
1 teáskanál cukor
1 teáskanál finomra aprított fokhagyma
1 teáskanál finomra aprított újhagyma
1 teáskanál szezámolaj
½ teáskanál pirított és durvára őrölt szezámmag
fekete bors, ízlés szerint

A TÉSZTA FŰSZEREZÉSÉHEZ

2 evőkanál ganjang *(koreai szójaszósz)*
1 evőkanál cukor
1½ evőkanál szezámolaj
fekete bors, ízlés szerint

A DÍSZÍTÉSHEZ

1 teáskanál pirított szezámmag

A tésztát 20-30 percig áztassuk langyos vízben. A szárított gombát langyos vízbe áztassuk be, amíg visszanyeri a nedvességét. Nyomjuk ki a felesleges vizet a gombából, és szeleteljük vékonyra.

Vágjuk le a laskagomba szárát, és tépkedjük szét a gombát vékony csíkokra.

Egy kis tálban keverjük össze a pácolt marhahús hozzávalóit. Alaposan forgassuk össze, és hagyjuk állni 10 percig.

Melegítsünk fel egy nagy serpenyőt közepes lángon, és kenjük meg növényi olajjal. Adjuk hozzá a vöröshagymát és a sárgarépát, 1 percig kevergetve pirítsuk, amíg a vöröshagyma félig áttetszővé válik. Ezután adjuk hozzá a laskagombát, a piros/sárga kaliforniai paprikát, és további egy percig pirítsuk. Fűszerezzük sóval. Adjuk hozzá a spenótot, keverjük jól össze és gyorsan vegyük le a tűzről. Keverjük meg, hogy a spenót a visszamaradó hővel megfőjön. Sózzuk. Tegyük félre.

Ugyanebbe a serpenyőbe tegyük bele a pácolt húst, és főzzük, amíg a hús teljesen megpuhul. Adjuk hozzá a szárított shiitake gombát, és pirítsuk még 30 másodpercig. Tegyük félre.

Forraljunk vizet egy nagy fazékban. Szűrjük le a beáztatott tésztát és tegyük a fazékba, majd főzzük 2-3 percig, amíg a tészta áttetszővé válik. A főzési idő függhet a különböző márkáktól. A legjobb módja a tesztelésnek, ha egy darab tésztát megkóstolunk.

Szűrjük le a tésztát, és tegyük át egy nagy tálba. Keverjük össze a szójaszósszal, a cukorral és a szezámolajjal. Ízlés szerint adjunk hozzá fekete borsot. Ha a tészta hosszú, vágjuk el ollóval. Az összes többi főtt zöldséget és húst jól összekeverjük.

Tegyük át egy tányérra és díszítsük pirított szezámmaggal.

잡 채

재료 ৪৪৪৪-৪৪

당면 200g
마른 표고버섯 4-5개
양파 채썬 것 150g
당근 채썬 것 120g
느타리버섯 120g
빨간 파프리카 ½개 (채 썰기)
노란 파프리카 ½개 (채 썰기)
시금치잎 160g
소금 적당량
식용유 2큰술

소고기 밑간

소고기 (우둔 혹은 등심) 채 썬 것 100g
간장 1큰술
설탕 1작은술
다진 마늘 1작은술
다진 파 1작은술
참기름 1작은술
깨소금 ½작은술
후추 약간

당면 밑간

간장 2큰술
설탕 1큰술
참기름 1½큰술
후추 약간

고명
볶은 통깨 1작은술

당면은 미지근한 물에 담가 20~30분 정도 불린다.
마른 표고버섯은 완전히 불려질 때까지 미지근한 물에
담가 불린다. 물기를 꼭 짜내고 얇게 썬다.

느타리버섯 끝부분을 다듬고 손으로 결대로 찢어준다.

작은 볼에 소고기 밑간 양념과 소고기를 함께 넣고 잘
섞어준 후 10분간 재운다.

큰 팬을 중불에 달군 후 식용유를 약간 두른다. 양파와
당근을 넣고 양파가 살짝 투명해질 때까지 1분 정도
볶는다. 느타리버섯과 빨간/노란 파프리카를 넣고 1분
정도 더 볶는다. 소금으로 밑간하고 시금치 잎을 넣은
후 재빨리 불을 끈다. 시금치가 여열로 익도록 아래위로
뒤적인 후 소금간을 조금 더 한다. 접시에 옮긴다.

같은 팬에 밑간한 소고기를 넣고 고기가 다 익을 때까지
볶는다. 표고버섯을 넣고 30초간 더 볶아준다. 접시에
옮겨둔다.
큰 냄비에 물을 끓인 후 불린 당면을 넣어 면이 투명해질
때까지 2-3분간 익혀준다. 당면 제품에 따라 조리시간이
다를 수 있으므로 면 한 올을 건져 먹어보아 익힘 정도를
확인한다

면을 건져내어 큰 보울에 넣는다. 간장, 설탕, 참기름,
후추로 밑간을 하고 섞어준다. 면이 너무 길면 가위로
적당한 크기로 잘라준다. 볶은,고기와 채소를 넣고 함께
섞는다.

접시에 플레이팅을 하고 통깨로 마무리한다.

WHICH HUNGARIAN WINE
SHOULD I CHOOSE WITH IT?

If you're looking to find the perfect Hungarian wine to pair with Japchae, a must-serve dish for any festivities, rosé is the ideal choice. The fruity freshness and vibrancy of a crisp rosé will enhance the sweet-salty, richly layered flavours of the stir-fried glass noodles with colourful vegetables, making the dish even more vibrant and complex.

MELYIK MAGYAR BORT
VÁLASSZAM HOZZÁ?

A japchae az ünnepi összejövetelek kihagyhatatlan fogása, és ha meg szeretnénk találni a japchae-hez a legjobban passzoló magyar bort, akkor a rozé a tökéletes választás. A színes zöldségekkel készült pirított üvegtészta édes-sós, végtelenül sokrétű ízeit a friss rozé gyümölcsös üdesége és vibrálása még színesebbé, még komplexebbé teszi.

어떤 헝가리 와인과 페어링하나요?

어떠한 잔치에도 빠질 수 없는 잡채와 어울리는 헝가리 와인을 찾는다면 로제 와인이 가장 이상적인 선택입니다. 상큼한 로제 와인의 프루티한 신선함과 생동감이 다양한 채소와 함께 볶아낸 잡채의 달콤짭짤하면서도 풍부한 맛을 한 층 더 돋보이게 하고, 요리를 더욱 생동감 있고 복합적으로 만듭니다.

BIBIM-GUKSU

SPICY COLD NOODLES

200g dried somyeon *(thin wheat noodles)*
⅓ cup cucumber, cut into matchsticks
⅓ cup sliced red apples
1 hard-boiled egg, cut in half lengthways

YANGNYEOM (SEASONING)
1 medium red apple *(crisp & juicy variety)*, diced
¼ onion, diced
3 tablespoons gochujang *(Korean red chilli paste)*
2 tablespoons rice or apple cider vinegar
2 tablespoons ganjang *(Korean soy sauce)*
2 tablespoons gochugaru
(Korean red chilli powder)
2 tablespoons sesame oil
1½ tablespoons sugar
1 tablespoon honey
1 tablespoon toasted & roughly
ground sesame seeds
½ tablespoon minced garlic

In a food blender, combine the apple and onion and blend until smooth. Add the rest of the sauce ingredients and mix well.

In a large pan, bring the water to the boil over high heat. Add the noodles and stir to avoid sticking together and to the pot. Cook for around 3 minutes. If it overboils, pour in a cup of cold water to calm it down. This process also gives a nice chewy texture to the noodles.

Drain the noodles and rinse under running water using your hands to remove excess starch on the surface of the noodles.

In a large bowl, combine the noodles and the sauce and mix well. Serve in 2 separate bowls. Garnish with the apple, cucumber and egg.

BIBIM-GUKSU

CSÍPŐS HIDEG TÉSZTA

HOZZÁVALÓK 吊吊

200 g szárított somyeon
(vékony, búzából készült tészta)
⅓ csésze uborka, gyufaszálakra vágva
⅓ csésze szeletelt piros alma
1 keményre főtt tojás, hosszában kettévágva

YANGNYEOM (FŰSZEREZÉS)

1 közepes méretű piros alma
(ropogós, lédús fajta), feldarabolva
¼ vöröshagyma, apróra vágva
3 evőkanál gochujang *(koreai csilipaszta)*
2 evőkanál rizs- vagy almaborecet
2 evőkanál ganjang *(koreai szójaszósz)*
2 evőkanál gochugaru *(koreai csilipor)*
2 evőkanál szezámolaj
1 ½ evőkanál cukor
1 evőkanál méz
1 evőkanál pirított és durvára őrölt szezámmag
½ evőkanál finomra aprított fokhagyma

Egy turmixgépben keverjük össze az almát és a vöröshagymát, majd turmixoljuk pépesre. Adjuk hozzá a mártás többi hozzávalóját, és keverjük jól össze.

Forraljunk fel egy nagy fazék vizet. Adjuk hozzá a tésztát és keverjük meg, hogy ne csomósodjon össze, és ne ragadjon a fazékhoz. Főzzük körülbelül 3 percig. Ha a víz felforrna a fazékban, öntsünk bele egy csésze hideg vizet, hogy a víz ne fusson ki. Ez a folyamat rágósabbá is teszi a tésztát.

Szűrjük le a tésztát, és folyó víz alatt öblítsük le a kezünkkel, hogy eltávolítsuk a tészta felszínén lévő felesleges keményítőt.

Egy nagy tálban keverjük jól össze a tésztát és a szószt. Tálaljuk 2 külön tálba. Díszítsük almával, uborkával és tojással.

비빔국수

재료 &&

소면 200g
오이 채 썬 것 50g
사과 채 썬 것 40g
삶은 계란 1개 (반으로 가르기)

양념장
사과 200g, 깍둑썬 것
양파 50g, 깍둑썬 것
고추장 3큰술
식초 2큰술
간장 2큰술
고춧가루 2큰술
참기름 2큰술
설탕 1½큰술
꿀 1큰술
깨소금 1큰술
다진 마늘 ½큰술

사과와 양파를 믹서기에 넣고 곱게 갈아준다. 나머지 양념장 재료를 넣고 잘 섞는다.

큰 냄비에 물을 충분히 넣고 강불에서 끓여준다. 끓어오르면 국수를 넣고, 국수가 냄비에 붙지 않도록 저어준다. 3분 정도 끓여준다. 물이 넘치려고 하면 물 1컵을 넣어 끓어오르지 않도록 한다. 이러한 과정은 국수를 더 쫄깃하게 해준다.

잘 삶아진 국수는 흐르는 찬물에 비벼 씻어서 전분기를 제거한다.

큰 볼에 국수와 양념장을 넣어 잘 섞어준다. 두 그릇에 나눠 담고 사과, 오이, 계란을 올린다.

WHICH HUNGARIAN WINE
SHOULD I CHOOSE WITH IT?

As vibrant and summery as bibim-guksu is, Irsai Olivér is equally playful, fresh and light. They are simply made for each other! The spicy-sweet, refreshing flavours of the noodle sauce are wonderfully complemented by the aromatic, floral character of Irsai Olivér, making the dish even more exciting.

MELYIK MAGYAR BORT
VÁLASSZAM HOZZÁ?

Amilyen vidám, nyári étel a bibim-guksu, épp olyan játékos, friss és könnyed bor az Irsai Olivér. Ez a páros egyszerűen egymásnak lett teremtve! A tészta szószának csípős-édes frissítő ízeit az Irsai Olivér aromatikus, virágos karaktere csodálatos kiegészíti, és még izgalmasabbá teszi.

어떤 헝가리 와인과 페어링하나요?

비빔국수가 여름처럼 생동감 있다면, 이르샤이 올리베르(Irsai Olivér) 또한 경쾌하고 신선하면서도 가벼운 매력이 있습니다. 이 둘은 정말 찰떡궁합이죠! 상큼하면서도 매콤달콤한 비빔국수 양념의 맛이 이르샤이 올리베르(Irsai Olivér)의 아로마틱하고 플로럴한 특성과 어우러져 요리를 더욱 흥미롭게 만듭니다.

KIMCHIMARI GUKSU

WATER KIMCHI NOODLES

INGREDIENTS 吳吳

3 cups nabak kimchi *(see recipe on p269)*
1 tablespoon sugar
1 tablespoon rice or apple cider vinegar
200g dried somyeon *(thin wheat noodles)*
½ cup cucumber, cut into matchsticks
1 hard-boiled egg, cut in half lengthways, optional

In a bowl, add nabak kimchi and mix in the sugar and vinegar to make a broth. Keep cool until serving.

In a large pan, bring the water to the boil over high heat. Add the noodles and stir to avoid sticking together and to the pot. Cook for around 3 minutes. If it overboils, pour in a cup of cold water to calm it down. This process also gives a nice chewy texture to the noodles.

Drain the noodles under running water and rinse well using your hands to remove excess starch on the surface of the noodles to keep the noodles from sticking together.

Divide into two portions and place in each bowl. Pour in the broth and garnish with cucumber. Serve with a halved hard-boiled egg to make it a full meal.

KIMCHIMARI GUKSU

KIMCHIS TÉSZTALEVES

HOZZÁVALÓK 👥

3 csésze nabak kimchi
(lásd a receptet a 270. oldalon)
1 evőkanál cukor
1 evőkanál rizs- vagy almaborecet
200 g szárított somyeon
(vékony, búzából készült tészta)
½ csésze uborka, gyufaszálakra vágva
1 keményre főtt tojás, hosszában félbevágva,
opcionális

Tegyük egy tálba a nabak kimchit, keverjük bele a cukrot és az ecetet, hogy elkészüljön a leves. Tálalásig tartsuk hidegen.

Forraljunk fel egy nagy fazék vizet. Adjuk hozzá a tésztát, és keverjük meg, hogy ne csomósodjon össze és ne ragadjon a fazékhoz. Főzzük körülbelül 3 percig. Ha a víz felforrna a fazékban, öntsünk bele egy csésze hideg vizet, hogy a víz ne fusson ki. Ez a folyamat rágósabbá is teszi a tésztát.

Szűrjük le a tésztát folyó víz alatt és öblítsük le a kezünkkel, hogy a tészta felszínén lévő felesleges keményítőt eltávolítsuk, hogy a tészták ne csomósodjanak össze.

Osszuk két adagra, és tegyük egy-egy tálba. Öntsük rá az alaplevet, és díszítsük uborkával. Tálaljuk egy félbevágott keménytojással, hogy teljes értékű ételt kapjunk.

김치말이 국수

재료 👤👤

재료 👤👤

나박김치 750ml (Pg.271 나박김치 레시피 참고)
설탕 1큰술
식초 1큰술
소면 200g
오이 채 썬 것 70g
삶은 계란 1개 (반으로 가르기), 옵션

볼에 나박김치와 설탕, 식초를 넣고 섞어 국물을 만든다. 차게 보관한다.

큰 냄비에 강불로 물을 끓여준다. 소면을 넣고 뭉치지 않도록 저어준다. 3분 정도 삶아준다. 물이 넘칠 경우에는 물 1컵을 넣어 가라앉힌다. 이런 과정은 국수의 식감이 쫄깃하게 해준다.

삶은 소면을 체에 받치고 흐르는 물에 여러 번 헹구어 국수 표면의 녹말을 씻어낸다.

소면을 반으로 나누어 그릇 두 개에 나눠 담는다. 나박김치의 국물과 건더기를 반으로 나누어 담고 채 썬 오이를 고명으로 올린다. 삶은 달걀을 올려 더 포만감을 주는 식사로 내어도 좋다.

WHICH HUNGARIAN WINE SHOULD I CHOOSE WITH IT?

For this truly refreshing cold noodle soup, a white wine that is not too aromatic but has fresh acidity is the best choice. An Egri Csillag is perfect, but you could also serve it with a crisp Olaszrizling or even a brut sparkling wine.

MELYIK MAGYAR BORT VÁLASSZAM HOZZÁ?

Ehhez az igazán frissítő hideg tésztaleveshez egy nem túl aromatikus, friss savakkal rendelkező fehérbor a legjobb választás. Tökéletes hozzá egy Egri Csillag, de kínálhatjuk egy finom friss Olaszrizlinggel, vagy akár egy brut pezsgővel is.

어떤 헝가리 와인과 페어링하나요?

시원한 김치말이 국수에는 너무 아로마틱하지 않고 신선한 산미를 가진 화이트 와인이 최고의 선택입니다. 에그리 칠락(Egri Csillag)이 특히 매력적이지만, 산뜻한 올라스리즐링(Olaszrizling)이나 드라이 스파클링 와인과도 잘 어울립니다.

GUNGJUNG TTEOKBOKKI

ROYAL STIR-FRIED RICE CAKE AND VEGETABLES

500g tteok *(rice cake sticks for tteokbokki)*
1 tablespoon ganjang *(Korean soy sauce)*
1 tablespoon sesame oil

MARINATED BEEF
100g minced beef
1 tablespoon ganjang *(Korean soy sauce)*
½ tablespoon sugar
½ tablespoon sesame oil
1 teaspoon minced garlic
1 teaspoon minced green onion
½ teaspoon toasted & roughly ground
sesame seeds
black pepper to taste

VEGETABLES
4 dried pyogo *(shiitake)* mushrooms *(25g)*
1 onion, sliced *(100g)*
60g carrot, cut into thin slices of 1x5cm
½ red bell pepper, sliced *(100g)*
½ yellow bell pepper, sliced *(100g)*
2 spring onions, cut into 4cm pieces
1 tablespoon vegetable oil
salt to taste

toasted sesame seeds for garnish

TIP
For regular tteokbokki *(spicy rice cake stew)*,
see on p229 along with other snack recipes.

Soak the rice cake sticks in water for 20 min and drain. Add the rice cake sticks to a pan of boiling water to blanch for 3 minutes until tender. Drain and transfer to a bowl. Add the soy sauce and sesame oil and toss the rice cake sticks with the sauce. Set aside.

Add the beef and other ingredients for the 'marinated beef' to a small bowl. Mix well and set aside.

Soak the dried mushrooms in lukewarm water until rehydrated. Squeeze out the excess water from the mushrooms and slice thinly.

Heat a large pan over medium heat and coat with vegetable oil. Add the onion and carrot to the pan and stir-fry for 1 minute until semi-translucent. Then add the bell pepper and season with salt. Cook for another minute and add the spring onion. Stir for 30 seconds and set the vegetables aside.

Lightly coat the same pan with oil. Add the marinated beef and stir-fry until the meat is cooked through. Add the rice cake sticks and stir-fry for 2 minutes. By stir-frying the marinated beef and the rice cake sticks together, the rice cake sticks will be nicely coated with the minced meat.

Stir the cooked vegetables into the pan and toss them together until well combined. Garnish with toasted sesame seeds and serve.

GUNGJUNG TTEOKBOKKI

KIRÁLYI PIRÍTOTT RIZSNUDLI ZÖLDSÉGEKKEL

HOZZÁVALÓK 유유유유

500g tteok *(rizsnudlikorongok)*
1 evőkanál ganjang *(koreai szójaszósz)*
1 evőkanál szezámolaj

PÁCOLT MARHAHÚS

100g darált marhahús
1 evőkanál ganjang *(koreai szójaszósz)*
½ evőkanál cukor
½ evőkanál szezámolaj
1 teáskanál finomra aprított fokhagyma
1 teáskanál finomra aprított újhagyma
½ teáskanál pirított és durvára őrölt szezámmag
fekete bors, ízlés szerint

ZÖLDSÉGEK

4 szárított pyogo *(shiitake)* gomba *(25 g)*
1 vöröshagyma, szeletelve *(100 g)*
60 g sárgarépa, vékony szeletekre vágva,
1x5 cm széles és hosszú szeletekre vágva
½ piros kaliforniai paprika, szeletelve *(100 g)*
½ sárga kaliforniai paprika, szeletelve *(100 g)*
2 szál újhagyma, 4 cm-es darabokra vágva
1 evőkanál növényi olaj
só, ízlés szerint

pirított szezámmag a díszítéshez

TIPP

A hagyományos tteokbokki *(„csípős rizsnudli-ragu")* elkészítését lásd a 230. oldalon más snackreceptekkel együtt.

A rizsnudlikorongokat 20 percre vízbe áztatjuk, majd lecsepegtetjük. A rizsnudlikat 3 percig forró vízben blansírozzuk, hogy megpuhuljanak. Csöpögtessük le, és tegyük át egy tálba. Adjunk hozzá szójaszószt és szezámolajat, majd forgassuk meg a rizsnudlikat a szószban. Tegyük félre.

Egy kis tálba tegyük bele a marhahúst és a többi hozzávalót a „pácolt marhahús" elkészítéséhez. Keverjük jól össze, és tegyük félre.

A szárított gombát áztassuk be langyos vízbe, amíg visszanyeri a nedvességét. Nyomkodjuk ki a felesleges vizet a gombából, és szeleteljük vékonyra.

Melegítsünk fel egy nagy serpenyőt közepes lángon, és kenjük meg növényi olajjal. Tegyük a serpenyőbe a vöröshagymát és a sárgarépát, és 1 percig pirítsuk, amíg félig áttetszővé válik. Ezután adjuk hozzá a kaliforniai paprikákat, és sózzuk meg. Főzzük még egy percig, majd adjuk hozzá az újhagymát. Keverjük 30 másodpercig, majd tegyük félre a zöldségeket.

Ugyanezt a serpenyőt kissé kenjük meg növényi olajjal. Adjuk hozzá a pácolt marhahúst, és pirítsuk, amíg a hús teljesen átsül. Adjuk hozzá a rizsnudlikat, és 2 percig pirítsuk. A pácolt marhahúst és a rizsnudlit keverjük össze úgy, hogy a rizsnudlikat szépen bevonja a darált hús.

Keverjük bele a pirított zöldségeket, és forgassuk össze őket, amíg jól összekeverednek. Pirított szezámmaggal díszítsük és tálaljuk.

궁중떡볶이

재료 ⚇⚇⚇⚇

떡볶이떡 500g
간장 1큰술
참기름 1큰술

소고기 볶음
소고기 다짐육 100g
간장 1큰술
설탕 ½큰술
참기름 ½큰술
다진 마늘 1작은술
다진 파 1작은술
깨소금 ½작은술
후추 약간

채소
마른 표고버섯 4개
양파 채 썬 것 100g
당근 (1x5cm 크기로 얇게 썬 것) 60g
빨간 파프리카 ½개 (채 썰기)
노란 파프리카 ½개 (채 썰기)
쪽파 2줄기 (4cm 길이로 썰기)
식용유 1큰술
소금 약간

볶은 통깨 약간(고명)

팁
기본 떡볶이 레시피는 Pg. 231에 다른 간식 레시피와
함께 찾아볼 수 있다.

떡은 20분간 물에 담가 불린 후 체에 밭친다. 끓는 물에 떡을 3분 정도 데쳐내어 말랑하게 한다. 볼에 넣고 간장, 참기름으로 밑간한다.

작은 볼에 소고기 볶음 양념과 소고기를 넣어 잘 섞는다.

마른 표고버섯은 미지근한 물에 담가 불린다. 물기를 짜낸 후 얇게 썬다.

큰 팬을 중불로 예열한 후 식용유를 두른다. 양파를 넣고 살짝 투명할 때까지 1분 정도 볶아준다. 빨간 파프리카를 넣고 소금으로 간한다. 1분간 더 볶아준 후 쪽파를 넣고 30초 익힌 후 그릇에 옮겨 식힌다.

같은 팬에 식용유로 살짝 코팅한 후 재워눈 소고기를 넣고 다 익을 때까지 볶는다. 떡을 넣고 고기와 함께 2분간 볶아준다. 고기와 떡을 같이 볶아내면 고기가 먹음직스럽게 떡을 코팅한다.

익혀둔 채소를 팬에 함께 넣고 다 같이 섞는다. 볶은 통깨로 마무리한다.

WHICH HUNGARIAN WINE
SHOULD I CHOOSE WITH IT?

The rich flavours of royal stir-fried rice cake and vegetables work well with a variety of pairings. An elegant dry Hárslevelű or a light Kékfrankos both complement the dish beautifully, but true connoisseurs should try it with a late-harvest Tokaji wine for a truly exceptional experience.

MELYIK MAGYAR BORT
VÁLASSZAM HOZZÁ?

A királyi pirított zöldséges rizsnudli gazdag ízvilága sokféle kombinációval működik. Egy elegáns száraz Hárslevelű és egy könnyedebb Kékfrankos is remekül passzol hozzá, ugyanakkor az igazi ínyenceknek érdemes egy késői szüretelésű tokaji borral megkóstolni.

어떤 헝가리 와인과 페어링하나요?

궁중 떡볶이와 채소의 풍부한 맛은 다양한 와인과 잘 어울립니다. 우아한 드라이 하르쉬레벨루(Hárslevelű)나 가벼운 킥프랑코쉬(Kékfrankos)와 함께하면 좋습니다. 진정한 미식가라면 레이트 하비스트 토카이(Tokaji) 와인과 페어링해보세요. 정말 특별한 경험을 하게 될 겁니다.

GOGI-GUI

KOREAN BBQ

Gogi-gui, or Korean BBQ, is a guaranteed crowd-pleaser, offering the full Korean experience of grilling meat right at the table. It's also a balanced feast with plenty of vegetables and rice. In this chapter, you'll discover three distinct marinades featuring jang—Korean soy-based fermented sauces—that can be mixed and matched with different meats.

GOGI-GUI

KOREAI BBQ

A koreai BBQ mindig nagy sikert arat, hiszen teljes koreai élményt nyújt azzal, hogy az asztalnál grillezhetjük a húst. Emellett kiegyensúlyozott lakomát kínál bőséges zöldségekkel és rizzsel. Ebben a fejezetben három különböző, jang-alapú, koreai fermentált szószt tartalmazó pácot ismerhetsz meg, amelyeket különböző húsokkal kombinálhatsz.

고기구이

한국식 고기구이는 모두가 사랑하는 한국의 식문화를 대표하는 경험이죠. 또한, 풍부한 채소와 밥을 곁들여 맛이나 영양에 있어서도 밸런스가 좋은 식사입니다. 이번 챕터에서는 한식 장류를 활용한 세 가지 마리네이드를 소개합니다. 레시피의 육류 외에도 다른 종류의 육류로도 만들어보세요.

HOW TO MAKE SSAM

VEGETABLE RICE WRAPS

One of the best ways to savour Korean BBQ is by making a ssam—a delicious wrap where you bundle grilled meat, rice and fresh leafy greens into a harmonious bite of flavour and texture.

Start with a fresh lettuce leaf—romaine, butterhead or lollo rosso work beautifully. Place it on your palm and layer it with a bite-sized portion of rice and Korean BBQ meat. For an extra burst of flavour, add a bit of kimchi or a chive salad from the table (p186). Top it off with a small dollop of ssamjang (p171). Now, fold up your ssam and, just like a true Korean, pop the entire wrap into your mouth in one go!

TIP: Take your ssam to the next level by adding rucola, kkaennip (perilla leaf) or mint as well for extra freshness.

HOGYAN KÉSZÍTSÜNK SSAMOT?

ZÖLDSÉGES RIZSTEKERCS

A koreai grillezés egyik legjobb módja a ssam elkészítése – egy finom pakolás, amelyben grillezett húst, rizst és friss leveles zöldségeket keverünk össze harmonikus ízű és állagú falattá.

Kezdjük egy levél salátával (pl. római, fejes vagy lollo rosso), és helyezzük a tenyerünkre. Tegyünk rá egy kis rizst és egy darab, falatnyi koreai BBQ-húst. Bármit hozzáadhatunk az asztalon lévő köretekből is, például kimchit vagy póréhagyma-salátát (lásd a 187. oldalon). Adjunk hozzá egy kis adag, kb. késhegynyi ssamjangot (lásd a 172. oldalon), majd csomagoljuk be az egész falatot. A koreaiak általában egyszerre az egész batyut teszik a szájukba.

TIPP: Nyugodtan adhatunk hozzá olyan fűszernövényeket is, mint például rukkola, kkaennip (perilla-levél) vagy menta, ezektől még frissebbek és ízesebbek lesznek a becsomagolt falatok.

쌈 싸먹는 방법

고기구이를 제대로 즐길 수 있는 방법은 바로 쌈을 싸먹는 것이죠. 쌈은 구운 고기, 밥, 채소를 함께 싸서 다양한 맛과 식감의 조화를 입안에서 느낄 수 있습니다.

상추 (로메인, 버터헤드, 적상추 등)을 손바닥에 올린 후 밥과 고기 한 조각을 올립니다. 한 상에 함께 차려진 김치나 부추무침(Pg. 187) 등의 반찬을 올려도 좋아요. 쌈장(Pg. 173) 을 살짝 올린 후 쌈을 싸서 한 입에 먹으면 됩니다.

팁: 깻잎, 루꼴라, 민트 등 허브 종류를 쌈에 곁들여도 상쾌한 맛이 일품입니다.

SAMGYEOPSAL-GUI

GRILLED PORK BELLY

INGREDIENTS 유유

400g pork belly slices *(1cm thickness)*
1 teaspoon salt
1 teaspoon vegetable oil

Spread the meat on a tray and sprinkle salt evenly on both sides. Leave for 40 minutes and pat dry with a towel.

Heat a pan over medium high heat and lightly coat with vegetable oil. Place the meat on the pan but be careful not to overcrowd it. Cook on both sides until golden.

Cut the meat into bite-sized pieces and serve with leafy greens and ssamjang.

SSAMJANG

RED CHILLI AND SOYBEAN PASTE, DIPPING SAUCE FOR KOREAN BBQ

INGREDIENTS 유유-유유

2½ tablespoons doenjang
(Korean soybean paste)
1 tablespoon gochujang
(Korean red chilli paste)
1 tablespoon jocheong *(rice syrup)*
½ tablespoon sesame oil
½ tablespoon toasted & roughly
ground sesame seeds
1 teaspoon minced garlic

Mix all the ingredients in a small bowl.

Serve with rice and leafy greens for making ssam.

SAMGYEOPSAL-GUI

GRILLEZETT SERTÉSHASAALJA

HOZZÁVALÓK 👤👤

400g sertéshasaalja
(1 cm-es, vékony szeletekre vágva)
1 teáskanál só
1 teáskanál növényi olaj

A húst terítsük szét egy tálcán, és mindkét oldalát egyenletesen szórjuk meg sóval. Hagyjuk állni 40 percig, majd konyharuhával töröljük szárazra.

Melegítsünk fel egy serpenyőt közepesen magas hőfokon, és enyhén kenjük meg a serpenyőt növényi olajjal. Helyezzük a húst a serpenyőbe, de vigyázzunk, hogy ne legyen túlzsúfolt a serpenyő. Süssük mindkét oldalát aranybarnára.

A húst falatnyi darabokra vágjuk, saláta- és különböző zöld levelekkel és ssamjanggal tálaljuk. Fogyasztása: a grillezett húsfalatokat mindenki egy salátalevélre helyezi, ízlés szerint késhegynyi ssamjangpasztát tesz rá, becsomagolja, és így fogyasztja.

SSAMJANG

VÖRÖSCSILI- ÉS SZÓJABABPASZTA, MÁRTOGATÓS SZÓSZ A KOREAI BBQ-HOZ

HOZZÁVALÓK 👤👤-👤👤

2½ evőkanál doenjang *(koreai szójapaszta)*
1 evőkanál gochujang *(koreai vöröscsili-paszta)*
1 evőkanál jocheong *(rizsszirup)*
½ evőkanál szezámolaj
½ evőkanál pirított és durvára őrölt szezámmag
1 teáskanál finomra aprított fokhagyma

Egy kis tálban keverjük össze az összes hozzávalót.

Tálaljuk rizzsel és salátalevelekkel a ssam (levelekbe csomagolt húsfalatok) elkészítéséhez.

삼겹살 구이

재료 👨👨

삼겹살 (1cm 두께) 400g
소금 1작은술
식용유 1작은술

삼겹살 양면에 소금을 골고루 뿌려 밑간한다. 40분 후 물기를 키친타올로 닦아준다.

팬을 중강불에 달군 후 식용유를 살짝 코팅한다. 팬이 너무 복잡하지 않도록 유의하며 삼겹살을 팬에 얹고 양면을 잘 구워준다.

한입 크기로 썰고 쌈 채소와 쌈장과 곁들여 낸다.

쌈장

재료 👨👨-👨👨

된장 2½큰술
고추장 1큰술
조청 1큰술
참기름 ½큰술
깨소금 ½큰술
다진 마늘 1작은술

볼에 재료를 모두 넣고 골고루 섞는다.

밥과 쌈 채소와 곁들여 낸다.

WHICH HUNGARIAN WINE SHOULD I CHOOSE WITH IT?

Grilled pork belly pairs perfectly with wines from Tokaj, and it's particularly exciting that both dry Furmint and Tokaji Aszú harmonize beautifully with it. With Furmint, it creates a refreshing, light pairing, while the Aszú introduces an incredibly exciting new dimension to the dish. Together, they make a truly festive combination!

MELYIK MAGYAR BORT VÁLASSZAM HOZZÁ?

A grillezett sertéshasaalja egyszerűen tökéletes a tokaji borokkal, és különösen izgalmas, hogy a száraz Furmint és a Tokaji Aszú is remekül harmonizál vele. Míg a Furminttal egy frissítő, könnyedebb párost alkot, addig az aszú egy elképesztően izgalmas új dimenziót ad hozzá a fogáshoz. Valódi ünnepi párost alkotnak!

어떤 헝가리 와인과 페어링하나요?

삼겹살 구이는 토카이(Tokaj)산 와인과 잘 어울립니다. 드라이한 푸르민트(Furmint)와 토카이 아수(Tokaji Aszú) 모두 삼겹살 구이와 잘 매칭되는 것은 아주 흥미롭습니다. 드라이한 푸르민트를 택하면 상쾌하고 가벼운 페어링을 만들어주며, 아수를 택하면 요리에 놀랍도록 흥미로운 새로운 차원을 더해줍니다. 두 경우가 함께하면 진정한 축제 같은 조합이 이루어집니다.

GALBI-GUI

GRILLED MARINATED BEEF SHORT RIBS

INGREDIENTS 유유

600g LA style beef short rib with bones
(1cm thickness)

MARINADE 1
200g Korean pear *(or red apple - crisp & juicy variety)*, peeled and diced
50g onion, diced
1½ tablespoon sugar
2 tablespoons rice wine *(or dry white wine)*

MARINADE 2
3 tablespoons ganjang *(Korean soy sauce)*
1 tablespoon sesame oil
½ tablespoon minced garlic
black pepper to taste

½ tablespoon vegetable oil
1 tablespoon spring onion, sliced for garnish
1 tablespoon pine nuts, roasted & roughly chopped for garnish

Rinse the meat under cold running water to get rid of any impurities including small pieces of bone. Pat dry with kitchen paper.

In a food blender, add the ingredients for 'marinade 1' and blend until smooth. Combine the marinade with the meat and chill for 2 hours in the fridge. This step will help tenderize the meat and prepare it for the savoury marinade.

Combine the ingredients for 'marinade 2'. Drain the meat from 'marinade 1' and combine with 'marinade 2'. Chill for 30 minutes to 1 hour in the fridge. It is also good to make this ahead of time and marinate overnight.

When cooking on a grill: fill the grill with charcoal and light the charcoal, then wait until the charcoal turns white but has large spots of burning red flames. On a gas grill, it should be around medium to medium high heat. Wipe off any excess marinade and grill the meat on both sides until cooked through. The meat is quite thin, so it only needs 1-2 minutes of resting.

When cooking in a pan: heat a pan over medium heat and lightly coat with vegetable oil. Wipe off any excess marinade and fry the meat on both sides until well seared. If the sauce starts to burn, adjust the heat. The meat is quite thin, so it only needs 1-2 minutes of resting.

Cut into bite-sized pieces and garnish with sliced spring onion and pine nuts.

GALBI-GUI

GRILLEZETT, PÁCOLT MARHABORDA

HOZZÁVALÓK 유유

600 g LA stílusú marhahús rövid bordacsonttal *(1 cm vastag)*

ELSŐ PÁC
200 g koreai nasi körte *(vagy piros alma – ropogós és lédús fajta)*, meghámozva és darabokra vágva
50 g vöröshagyma, finomra aprítva
1 ½ evőkanál cukor
2 evőkanál rizsbor *(vagy száraz fehérbor)*

MÁSODIK PÁC
3 evőkanál ganjang *(koreai szójaszósz)*
1 evőkanál szezámolaj
½ evőkanál apróra vágott fokhagyma
fekete bors, ízlés szerint

½ evőkanál növényi olaj
1 evőkanál újhagyma, vékonyra szeletelve a díszítéshez
1 evőkanál fenyőmag, pirítva és durvára vágva a díszítéshez

Öblítsük le a húst folyó hideg víz alatt, hogy megszabaduljunk a szennyeződésektől, beleértve az apró csontdarabokat is. Papírtörlővel töröljük szárazra.

Tegyük egy turmixgépbe az első pác hozzávalóit, és turmixoljuk simára. A pácot keverjük össze a hússal, és hagyjuk állni 2 órán keresztül a hűtőben. Ez a lépés segít megpuhítani és elő-készíteni a húst.

Keverjük össze a második pác hozzávalóit. Csepegtessük le az előző pácot a húsról, majd keverjük össze a második páccal. Hagyjuk állni 30 percig – egy óráig a hűtőben. Az is jó, ha ezt előre elkészítjük, és egy éjszakán át pácoljuk.

Ha grillen sütjük: Tegyünk a grillbe faszenet, gyújtsuk meg és várjuk meg, amíg a parázs hamuvá válik, de nagyobb foltokban égő piros lángok jelennek meg rajta. Gázgrillen körülbelül közepes vagy közepesen magas hőfokon kell sütni. Töröljük le a felesleges pácot, és grillezzük a húst mindkét oldalán, amíg átsül. A hús elég vékony, ezért csak 1-2 perc pihentetésre van szüksége.

Ha serpenyőben sütjük: Közepes lángon melegít-sünk fel egy serpenyőt, és enyhén kenjük meg növényi olajjal. Töröljük le a felesleges pácot, és serpenyőben süssük a húst mindkét oldalán, amíg átsül. Ha a pác kozmálni kezdene, szabályozzuk a hőfokot. A hús elég vékony, ezért csak 1-2 perc pihentetésre van szüksége.

Vágjuk falatnyi darabokra, és díszítsük felszeletelt zöldhagymával és fenyőmaggal.

갈비구이

재료 👥

LA 갈비 (1cm 두께) 600g

1차 재움장
배 깍둑썬 것 200g
양파 깍둑썬 것 50g
설탕 1 ½큰술
청주 (혹은 드라이 화이트와인) 2큰술

2차 재움장
간장 3큰술
참기름 1큰술
다진 마늘 ½큰술
후추 약간

식용유 ½큰술
쪽파 송송 썬 것 1큰술
잣 (살짝 구운 후 다진 것) 1큰술

갈비는 흐르는 찬물에 씻어 뼛조각과 불순물을 제거한다. 키친타올로 물기를 제거한다.

믹서기에 '1차 재움장' 재료를 넣고 곱게 갈아준다. 고기에 재움장을 골고루 바른 후 냉장고에 넣어 2시간 동안 재운다. 이 과정을 통해 고기를 더 부드럽게 하고 핏물을 제거할 수 있다.

볼에 '2차 재움장' 재료를 섞는다. 고기를 '1차 재움장'에서 건져내어 '2차 재움장'을 골고루 발라준다. 냉장고에 넣어 30분 - 1시간 동안 재운다. 미리 준비하여 하룻밤 냉장고에서 숙성해도 좋다.

그릴에 구울 때: 그릴에 숯을 채운 후 불을 붙인다. 불이 사그라지고 숯이 하얗게 되고 잔불이 남을 때까지 기다린다. 가스 그릴일 경우 중불 - 중강불에 설정한다. 고기에서 재움장을 털어내고 양면을 잘 구워준다. 고기가 얇기 때문에 레스팅은 1~2분이면 충분하다.

팬에 구울 때: 팬을 중강불에 달군 후 식용유로 살짝 코팅한다. 고기에서 재움장을 털어내고 양면을 잘 구워준다. 양념이 타기 시작하면 불을 줄인다. 고기가 얇기 때문에 레스팅은 1-2분이면 충분하다.

한입 크기로 썬 후 쪽파와 잣가루를 뿌려준다.

WHICH HUNGARIAN WINE
SHOULD I CHOOSE WITH IT?

This flavorful beef rib, with its rich taste and hint of sweetness, is simply fantastic with red wine from Villány, especially Villányi Franc. However, if you're looking to experience truly unique flavour harmony, pair it with an older Aszú vintage and savour the endless play of flavours on your palate.

MELYIK MAGYAR BORT
VÁLASSZAM HOZZÁ?

Ez az ízletes marhaborda gazdag ízvilágával és csipetnyi édességével egyszerűen fantasztikus a villányi vörösborokkal, azon belül is a legfinomabb a Villányi Franc-nal. Azonban ha szeretnénk egy egészen különös ízharmóniát megtapasztani, akkor válasszunk mellé egy idősebb aszút, és élvezzük az ízek végtelen játékát a szánkban.

어떤 헝가리 와인과 페어링하나요?

진한 맛과 단맛이 살짝 있는 맛있는 갈비 구이는 빌라니 프랑(Villányi Franc)과 같은 빌라니(Villány) 지역의 레드 와인과 잘 어울립니다. 하지만 정말 독특한 풍미의 조화를 경험하고 싶다면, 오래 숙성된 토카이 아수(Tokaji Aszú) 와 함께해 보세요. 그러면 입안에서 끝없는 풍미의 향연을 즐길 수 있을 것입니다.

MAEKJEOK

GRILLED DOENJANG MARINATED PORK

INGREDIENTS 유유

400g pork neck *(7mm thickness)*
½ tablespoon vegetable oil

MARINADE
2 tablespoons doenjang
(Korean soybean paste)
2 tablespoons water
1 tablespoon rice wine *(or dry white wine)*
1 tablespoon jocheong *(rice syrup)*
½ tablespoon guk-ganjang
(Korean light soy sauce)
½ tablespoon sesame oil
½ tablespoon minced green onion
½ tablespoon minced garlic
½ teaspoon minced ginger
1 teaspoon sugar
black pepper to taste

Wipe off any moisture from the meat with kitchen paper. With a meat mallet, gently pound the meat to tenderize it (or pound it with the blunt edge of a knife).

In a bowl, combine all the ingredients for the marinade and mix well.

Combine the meat with the marinade and leave for 20 minutes.

When cooking on a grill: fill the grill with charcoal and light the charcoal, then wait until the charcoal turns white but has large spots of burning red flames. On a gas grill, it should be around medium heat. Wipe off any excess marinade and grill the meat on both sides. While grilling, brush the leftover marinade on the meat. Let the meat rest for 1-2 minutes before serving.

When cooking in a pan: heat a pan over medium heat and lightly coat with vegetable oil. Wipe off any excess marinade and fry the meat on both sides until well seared. While cooking, brush the leftover marinade on the meat. If the sauce starts to burn, adjust the heat. Let the meat rest for 1-2 minutes before serving.

Serve with buchu-muchim (chive salad).

MAEKJEOK

DOENJANGGAL PÁCOLT, GRILLEZETT SERTÉSHÚS

HOZZÁVALÓK ⅋⅋

400 g sertéstarja *(7 mm vastagra szeletelve)*
½ evőkanál növényi olaj

PÁC

2 evőkanál doenjang *(koreai szójababpaszta)*
2 evőkanál víz
1 evőkanál rizsbor *(vagy száraz fehérbor)*
1 evőkanál jocheong *(rizsszirup)*
½ evőkanál guk-ganjang
(koreai világos szójaszósz)
½ evőkanál szezámolaj
½ evőkanál finomra aprított újhagyma
½ evőkanál finomra aprított fokhagyma
½ teáskanál finomra aprított gyömbér
1 teáskanál cukor
fekete bors, ízlés szerint

Papírtörlővel töröljük le a húsról a nedvességet. Húsklopfolóval vagy kés lapjával óvatosan ütögessük meg a húst, hogy megpuhuljon.

Egy tálban keverjük össze a pác összes hozzávalóit, és jól keverjük össze.

Keverjük össze a húst a páccal, és hagyjuk állni 20 percig.

Ha grillen sütjük: Tegyünk a grillbe faszenet, gyújtsuk meg és várjuk meg, amíg a parázs hamuvá válik, de nagyobb foltokban égő piros lángok jelennek meg rajta. Gázgrillnél közepes hőfok körül kell sütni. Töröljük le a felesleges pácot, és grillezzük a húst mindkét oldalán. Grillezés közben a maradék páccal kenjük meg a húst, és tálalás előtt 1-2 percig hagyjuk pihenni.

Ha serpenyőben sütjük: Közepes lángon melegítsünk fel egy serpenyőt, és enyhén kenjük meg növényi olajjal. Töröljük le a felesleges pácot, és a serpenyőben süssük a húst mindkét oldalán, amíg átsül. Sütés közben a maradék páccal kenjük meg a húst. Ha a mártás kozmálni kezdene, szabályozzuk a hőfokot. Tálalás előtt 1-2 percig hagyjuk pihenni a húst.

Tálaljuk buchu-muchimmal (snidlingsalátával).

맥적

재료 👥👥

돼지 목살 (7mm 두께) 400g
식용유 ½큰술

재움장
된장 2큰술
물 2큰술
청주 (혹은 드라이한 화이트와인) 1큰술
조청 1큰술
국간장 ½큰술
참기름 ½큰술
다진 파 ½큰술
다진 마늘 ½큰술
다진 생강 ½작은술
설탕 1작은술
후추 약간

키친타올로 고기 겉면의 수분을 제거한다. 연육기 혹은 칼등으로 고기 양면을 두드려 육질을 연하게 한다.

보울에 재움장 재료를 함께 넣고 잘 섞는다.

고기에 재움장을 골고루 발라 20분 동안 재워둔다.

그릴에 구울 때: 그릴에 숯을 채운 후 불을 붙인다. 불이 사그러들고 숯이 하얗게 되고 잔불이 남을 때까지 기다린다. 가스 그릴일 경우 중불에 설정한다. 고기에서 재움장을 털어내고 양면을 잘 구워준다. 구워가며 남은 재움장을 고기에 발라준다. 굽고 나서 1~2분간 레스팅한다.

팬에 구울 때: 팬을 중불에 달군 후 식용유로 살짝 코팅한다. 고기에서 재움장을 딜어내고 양면을 잘 구워준다. 구워가며 남은 재움장을 고기에 발라준다. 양념이 타기 시작하면 불을 줄인다. 굽고 나서 1~2분간 레스팅한다.

부추무침과 함께 낸다.

BUCHU-MUCHIM

CHIVE SALAD

INGREDIENTS 옹옹

50g yeongyang buchu *(chives)*,
cut into 4 cm pieces
¼ red or yellow bell pepper, silced

DRESSING
½ tablespoon ganjang *(Korean soy sauce)*
½ tablespoon rice or apple cider vinegar
1 teaspoon sugar
½ teaspoon gochugaru
(Korean red chilli powder)
½ teaspoon toasted sesame seeds

In a bowl, combine the ingredients for the
dressing and mix well.

Right before serving, add the vegetables to
the bowl and toss gently.

Serve with a spread of Korean BBQ dishes.

BUCHU-MUCHIM

SNIDLINGSALÁTA

HOZZÁVALÓK 👤👤

50 g yeongyang buchu *(snidling)*,
4 cm hosszúságúra vágva
¼ piros vagy sárga kaliforniai paprika,
felszeletelve

ÖNTET
½ evőkanál ganjang *(koreai szójaszósz)*
½ evőkanál rizs- vagy almaborecet
1 teáskanál cukor
½ teáskanál gochugaru *(koreai vöröscsili-por)*
½ teáskanál pirított szezámmag

Egy tálban keverje össze az öntethez szükséges
hozzávalókat.

Közvetlenül tálalás előtt tegyük a zöldségeket
a tálba, és óvatosan forgassuk össze.

Tálaljuk a koreai BBQ-ételekkel.

부추무침

재료 👤👤

영양 부추 50g (4cm 길이로 썰기)
빨간/노란 파프리카 ¼개 (채 썰기)

양념
간장 ½큰술
식초 ½큰술
설탕 1작은술
고춧가루 ½작은술
깨소금 ½작은술

볼에 양념 재료를 모두 넣고 섞어준다.

서빙 직전에 부추, 파프리카와 버무려준다.

고기구이와 함께 낸다.

WHICH HUNGARIAN WINE SHOULD I CHOOSE WITH IT?

This marinated, grilled pork forms a perfect harmony with an oak-aged, mineral Furmint from Tokaj or Somló. The dish's delicate smoky notes and the marinade's rich, slightly salty-nutty flavour resonate beautifully resonate with the characteristics of the oak-aged Furmint, adding an exciting complexity to the pairing.

MELYIK MAGYAR BORT VÁLASSZAM HOZZÁ?

Ez a pácolt, grillezett sertéshús tökéletes harmóniát alkot egy hordós érlelésű ásványos tokaji vagy somlói Furminttal, hiszen a fogás finom füstös jegyei és a pác gazdag, enyhén sós-diós ízvilága nagyon szépen rezonál a hordós Furmint karakterisztikájával, izgalmas komplexitást adva a párosításnak.

어떤 헝가리 와인과 페어링하나요?

된장 양념에 재운 후 구워낸 맥적은 토카이(Tokaj) 또는 숌로(Somló) 지역에서 생산된 오크 숙성한 미네랄 풍미의 푸르민트(Furmint) 와인과 훌륭한 조화를 이룹니다. 섬세한 훈연향과 마리네이드의 진하고 살짝 짭짤한 견과류 풍미가 오크 숙성한 푸르민트의 특성과 아름답게 어우러져 페어링에 흥미로운 복합미를 더해줍니다.

GOCHUJANG DAK-GUI

GRILLED GOCHUJANG MARINATED CHICKEN

INGREDIENTS 유유

600g deboned chicken thighs, skin-on

MARINADE
2 tablespoons gochujang
(Korean red chilli paste)
1½ tablespoon ganjang *(Korean soy sauce)*
1 tablespoon jocheong *(rice syrup)*
1 tablespoon rice wine *(or dry white wine)*
1 tablespoon gochugaru
(Korean red chilli powder)
½ tablespoon sugar
½ tablespoon minced garlic
black pepper to taste

Trim the meat and prick with a fork or the tip of a paring knife. This is to tenderize the meat and also to prevent the skin from shrinking.

In a bowl, combine the ingredients for the marinade and mix well. Combine with the meat and let it marinate for a minimum of 40 minutes in the fridge. It is also good to make this ahead of time and marinate overnight.

When cooking on a grill: fill the grill with charcoal and light the charcoal, then wait until the charcoals becomes turns white but has spots of burning red flames. On a gas grill, it should be around medium heat. Wipe off any excess marinade and grill the meat on both sides until cooked through. While grilling, brush the leftover marinade on the meat. Let it rest for around 3 minutes.

When cooking in a pan: heat a pan over medium heat and lightly coat with vegetable oil. Wipe off any excess marinade and fry the meat on both sides until well seared. While cooking, brush the leftover marinade on the meat. If the sauce starts to burn, adjust the heat. Let it rest for around 3 minutes.

Cut it into bite-sized pieces and serve.

GOCHUJANG DAK-GUI

GOCHUJANGGAL PÁCOLT, GRILLEZETT CSIRKE

600 g bőrös csirkecombfilé

PÁC
2 evőkanál gochujang *(koreai vöröscsili-paszta)*
1½ evőkanál ganjang *(koreai szójaszósz)*
1 evőkanál jocheong *(rizsszirup)*
1 evőkanál rizsbor *(vagy száraz fehérbor)*
1 evőkanál gochugaru *(koreai vöröscsili-por)*
½ evőkanál cukor
½ evőkanál finomra aprított fokhagyma
fekete bors, ízlés szerint

A csirke bőrös felületét egy éles kés hegyével szurkáljuk meg kissé. Ezzel megpuhítjuk a húst, és megakadályozzuk, hogy a bőr összezsugorodjon.

Egy tálban keverjük össze a pác hozzávalóit. Keverjük összes a hússal, és legalább 40 percig pácoljuk a hűtőben. Az is jó, ha előre elkészítjük, és egy éjszakán át pácoljuk.

Ha grillen sütjük: Tegyünk a grillbe faszenet, gyújtsuk meg és várjuk meg, amíg a parázs hamuvá válik, de égő piros lángú foltok jelennek meg rajta. Gázgrillen közepes hőfok körül kell sütni. Töröljük le a felesleges pácot, és grillezzük a húst mindkét oldalán, amíg átsül. Grillezés közben a maradék páccal kenjük meg a húst. Hagyjuk pihenni körülbelül 3 percig.

Ha serpenyőben sütjük: Közepes lángon melegítsünk fel egy serpenyőt, és enyhén kenjük meg növényi olajjal. Töröljük le a felesleges pácot, és a serpenyőben süssük a húst mindkét oldalán, amíg átsül. Sütés közben a maradék páccal kenjük meg a húst. Ha a mártás kozmálni kezdene, szabályozzuk hőfokot. Hagyjuk pihenni körülbelül 3 percig.

Vágjuk falatnyi darabokra, és tálaljuk.

고추장 닭구이

재료 👥

닭다리살 (껍질 있는 것) 600g

재움장
고추장 2큰술
간장 1½큰술
조청 1큰술
청주 (혹은 드라이한 화이트 와인) 1큰술
고춧가루 1큰술
설탕 ½큰술
다진 마늘 ½큰술
후추 약간

닭다리살은 힘줄, 지방 등을 다듬은 후 포크나 칼끝을 이용하여 껍질 부분을 콕콕 찔러준다. 이 과정은 고기를 연하게 하고 껍질이 많이 줄어드는 것을 막아준다.

보울에 재움장 재료를 섞은후 고기를 넣어 버무린다. 최소 40분 동안 냉장고에 넣어 재운다. 미리 준비하여 하룻밤 냉장고에서 숙성해도 좋다.

그릴에 구울 때: 그릴에 숯을 채운 후 불을 붙인다. 불이 사그라지고 숯이 하얗게 되고 잔불이 남을 때까지 기다린다. 가스 그릴일 경우 중불에 설정한다. 고기에서 재움장을 털어내고 양면을 잘 구워준다. 구워가며 남은 재움장을 고기에 발라준다. 굽고 나서 3분간 레스팅한다.

팬에 구울 때: 팬을 중불에 달군 후 식용유로 살짝 코팅한다. 고기에서 재움장을 털어내고 양면을 잘 구워준다. 구워가며 남은 재움장을 고기에 발라준다. 양념이 타기 시작하면 불을 줄인다. 굽고 나서 3분간 레스팅한다.

한입 크기로 썰어낸다.

WHICH HUNGARIAN WINE SHOULD I CHOOSE WITH IT?

With this pairing, we step out of the realm of classic clichés, as a light yet characterful red wine, such as a Szekszárd Kadarka or a fruity Bikavér, is the most beautiful match for this marinated chicken. The wine's light structure harmonizes with the delicacy of the meat, while its distinctive spiciness complements both the marinade and the preparation method.

MELYIK MAGYAR BORT VÁLASSZAM HOZZÁ?

Ennél a párosításnál kilépünk a klasszikus klisék világából, mivel ehhez a pácolt csirkéhez egy könnyű, ám karakteres vörösbor, vagyis egy szekszárdi Kadarka vagy egy gyümölcsösebb Bikavér a legszebb. A bor könnyedebb struktúrája a hús könnyedségével harmonizál, míg a karakteres fűszeressége a páccal és az elkészítési móddal.

어떤 헝가리 와인과 페어링하나요?

고추장 닭구이와 가장 아름다운 페어링은 고전적인 클리셰에서 벗어나 섹자르드(Szekszárd)의 카다르카(Kadarka)나 프루티한 비카베르(Bikavér)처럼 가벼우면서도 개성 있는 레드 와인입니다. 두 와인의 가벼운 구조감은 닭고기의 섬세한 맛과 잘 어우러지고 특유의 스파이시함은 마리네이드와 조리 방식을 더욱 돋보이게 해줍니다.

ANJU & SNACKS

Anju refers to a variety of dishes specifically served alongside alcoholic drinks. Whether it's something as simple as rice puffs or roasted peanuts, or more elaborate fare like jeon (savoury pancakes) and jjim (braised dishes), there's an anju for every occasion. This chapter features flavourful anju dishes that pair beautifully with Hungarian wines alongside classic Korean street food favourites.

ANJU & SNACKS

Az anju olyan ételekre és snackekre utal, amelyeket kifejezetten alkoholos italok mellé kínálnak. Ezek lehetnek olyan egyszerű fogások is, mint a puffasztott rizs vagy a pörkölt földimogyoró, vagy összetettebbek, mint a jeon (palacsinta), jjim (párolt ételek) stb. Ebben a fejezetben olyan népszerű anjuételeket mutatunk be, amelyeket bor mellett fogyaszthatunk, valamint olyan snackeket, amelyek a legkedveltebb koreai utcai ételek sorát gyarapítják.

안주 & 간식

안주는 술과 함께 곁들이는 다양한 음식입니다. 간단하게는 뻥튀기 혹은 땅콩부터 각종 전이나 찜류 같이 더 정성가득한 음식도 있는데요. 이번 챕터에서는 와인과 함께 즐길 수 있는 대표적인 안주 요리와 요즘 세계적으로 인기가 많은 떡볶이, 김밥과 같은 길거리 음식을 소개합니다.

KIMCHI-JEON

KIMCHI PANCAKE

1 cup sour baechu-kimchi (*cabbage kimchi*),
chopped
2 tablespoons kimchi juice
60g sliced bacon, cut into 1cm strips
½ cup onion, sliced
1 tablespoon red and green chilli pepper, sliced
4 tablespoons mangalica lard or
vegetable oil

PANCAKE BATTER
1 cup Korean pancake mix
(or ½ cup plain flour, ½ cup cake flour,
½ tablespoon cornflour)
¾ cup & 1 tablespoon cold water
½ tablespoon gochugaru
(Korean red chilli powder)

CHO-GANJANG
(SOY SAUCE WITH VINEGAR)
1 tablespoon ganjang *(Korean soy sauce)*
½ tablespoon rice or apple cider vinegar
1 teaspoon sugar
½ teaspoon gochugaru
(Korean red chilli powder)

TIP
You can also make them smaller and
make multiple pancakes.

In a bowl, mix the batter ingredients together until well incorporated. Combine the kimchi, kimchi juice, bacon, onion and chilli pepper with the batter.

In a small bowl, make cho-ganjang by mixing the ingredients together.

Preheat a frying pan over medium heat. Add 2 tablespoons of lard/oil to the pan and pour in half of the batter. Using a spatula, quickly spread the batter out thinly before it settles. Cook well until golden on both sides and serve with cho-ganjang. Repeat the same steps for the remaining batter.

KIMCHI-JEON

KIMCHI PALACSINTA

HOZZÁVALÓK 吕吕-吕吕
2 nagy palacsintához

1 csésze savanyú baechu-kimchi (*kínai keles kimchi*), apróra vágva
2 evőkanál kimchilé
60 g szeletelt szalonna, 1 cm-es csíkokra vágva
½ csésze vöröshagyma, szeletelve
1 evőkanál piros és zöld csilipaprika, szeletelve
4 evőkanál mangalicazsír vagy növényi olaj

PALACSINTATÉSZTA
1 csésze koreai palacsintakeverék
(*vagy ½ csésze finomliszt, ½ csésze süteményliszt,
½ evőkanál kukoricakeményítő*).
¾ csésze és 1 evőkanál hideg víz
½ evőkanál gochugaru (*koreai csiilipor*)

CHO-GANJANG
(SZÓJASZÓSZ ECETTEL)
1 evőkanál ganjang (*koreai szójaszósz*)
½ evőkanál rizs- vagy almaborecet
1 teáskanál cukor
½ teáskanál gochugaru (*koreai csilipor*)

TIPP
Több darab, kisebb méretű palacsintát is
készíthetünk belőle.

Egy tálban keverjük össze a tészta hozzávalóit, amíg az teljesen homogén lesz. Keverjük a kimchit, a kimchilevet, a szalonnát, a vöröshagymát és a csilipaprikát a tésztához.

Egy kis tálban készítsük el a cho-ganjangot úgy, hogy a hozzávalókat összekeverjük.

Melegítsünk elő egy serpenyőt közepes lángon. Tegyünk a serpenyőbe 2 evőkanál zsírt/olajat, és öntsük bele a tészta felét. Gyorsan oszlassuk el a tésztát egy spatula segítségével, mielőtt az megszilárdulna. Mindkét oldalát süssük aranybarnára, és tálaljuk a cho-ganjanggal. Ismételjük meg ezeket a lépéseket a maradék tésztával.

김치전

김치전 2개 분량

신김치 잘게 썬 것 160g
김칫국물 2큰술
베이컨 60g (1cm 너비로 썰기)
양파 채 썬 것 50g
청/홍고추 어슷 썬 것 1큰술
식용유 혹은 만갈리차(헝가리 토종 돼지) 라드 4큰술

반죽
부침가루 125g
(혹은 중력분 60g, 박력분 60g, 옥수수전분 5g)
차가운 물 200ml
고춧가루 ½큰술

초간장
간장 1큰술
식초 ½큰술
설탕 1작은술
고춧가루 ½작은술

팁
김치전을 작게 여러 개를 만들어도 좋다.

볼에 반죽 재료를 넣고 멍울이 없도록 저어준다. 김치, 김칫국물, 베이컨, 양파, 고추를 넣고 잘 섞는다.

작은 볼에 초간장 재료를 넣고 섞는다.

팬을 중불에 예열한 후 식용유(혹은 라드) 2큰술을 두른다. 반죽의 반을 넣어 넓고 둥글게 잘 펼쳐준다. 앞뒤로 뒤집어 노릇하게 구워낸 후 초간장을 곁들여낸다. 같은 방법을 반복하여 남은 반죽으로 1장을 더 부쳐낸다.

WHICH HUNGARIAN WINE SHOULD I CHOOSE WITH IT?

Enjoying kimchi-jeon is simply not complete without a fine Kékfrankos, especially on rainy days. The flavourful yet light Kékfrankos, with its delicate fruitiness, fresh acidity and pleasantly tart, spicy character, creates the perfect pairing for this dish.

MELYIK MAGYAR BORT VÁLASSZAM HOZZÁ?

A kimchi palacsinta elfogyasztása nem lehet teljes egy finom Kékfrankos nélkül. Különösen igaz ez az esős napokra. Az ízgazdag, ám mégsem nehéz Kékfrankos a finom gyümölcsösségével, friss savaival és kellemesen fanyar, fűszeres jellegével tökéletes párost alkot a fogás.

어떤 헝가리 와인과 페어링하나요?

김치전은 특히 비 오는 날 섬세한 킥프랑코쉬(Kékfrankos)와 함께하면 더없이 좋죠. 풍미는 깊지만 라이트한 킥프랑코쉬는 섬세한 프루티함, 신선한 산미, 그리고 기분 좋은 스파이시함이 어우러져 김치전과 완벽한 페어링을 이룹니다.

HAEMUL-PAJEON

SEAFOOD & SPRING ONION PANCAKE

INGREDIENTS ⅄⅄-⅄⅄
for 2 large pancakes

2 cups *(100g)* spring onions,
cut into 4-cm pieces
1 cup *(80g)* mixed seafood *(shrimps, sliced squid, clams, etc.)*
1 tablespoon red and green chilli pepper, sliced
1 egg, lightly beaten
around ½ cup vegetable oil for frying

PANCAKE BATTER
1 cup Korean pancake mix
*(or ½ cup plain flour, ½ cup cake flour,
½ tablespoon cornflour)*
¾ cup & 1 tablespoon cold water
½ teaspoon salt
white pepper to taste

CHO-GANJANG
(SOY SAUCE WITH VINEGAR)
1 tablespoon ganjang *(Korean soy sauce)*
½ tablespoon rice or apple cider vinegar
1 teaspoon sugar
½ teaspoon gochugaru
(Korean red chilli powder)

In a bowl, mix the batter ingredients together until well incorporated. Add the spring onion and half the seafood.

In a small bowl, make cho-ganjang by mixing the ingredients together.

Preheat a pan over medium heat. Add 3 table-spoons of vegetable oil to the pan and pour in half the batter. Spread it out thinly using a spatula. Before the batter cooks right through, quickly top with half the remaining seafood and chilli pepper slices. Drizzle half the egg mixture on top. The egg mixture helps to hold the seafood and pancake batter together.

When the bottom crust is golden, turn it over using a spatula. Add an extra tablespoon of vegetable oil to the sides of the pan. Cook for around 2 minutes until the pancake is golden.

Turn it over again and turn up the heat so the bottom crust also turns golden brown. Serve while hot with cho-ganjang (soy sauce with vinegar). Repeat the same process for the remaining batter and ingredients.

HAEMUL-PAJEON

PALACSINTA TENGER GYÜMÖLCSEIVEL ÉS ÚJHAGYMÁVAL

2 csésze *(100 g)* újhagyma *(vagy zöldhagyma)*,
4 cm-es darabokra vágva
1 csésze *(80 g)* vegyes tenger gyümölcsei
(garnélarák, szeletelt tintahal, kagyló stb.)
1 evőkanál piros és zöld csilipaprika,
vékonyra szeletelve
1 tojás, enyhén felverve
kb. ½ csésze növényi olaj a sütéshez

PALACSINTATÉSZTA

1 csésze koreai palacsintakeverék
*(vagy ½ csésze finomliszt, ½ csésze süteményliszt,
½ evőkanál kukoricakeményítő).*
¾ csésze és 1 evőkanál hideg víz
½ teáskanál só
fehér bors, ízlés szerint

CHO-GANJANG
(SZÓJASZÓSZ ECETTEL)

1 evőkanál ganjang *(koreai szójaszósz)*
½ evőkanál rizs- vagy almaborecet
1 teáskanál cukor
½ teáskanál gochugaru *(koreai vöröscsili-por)*

Egy tálban keverjük össze a tészta hozzávalóit, amíg az teljesen homogén lesz. Adjuk hozzá az újhagymát és a tenger gyümölcseinek felét.

Egy kis tálban készítsük el a cho-ganjangot a hozzávalók összekeverésével.

Melegítsünk elő egy serpenyőt közepes lángon. Tegyünk a serpenyőbe három evőkanál növényi olajat, és öntsük bele a tészta felét. Egy spatula segítségével oszlassuk el a tésztát. Mielőtt megsülne a tészta teteje, gyorsan tegyük rá a tenger gyümölcsei és a csilipaprika-szeletek felét. Csepegtessük rá a felvert tojás felét. A tojás segít a palacsintában tartani a tenger gyümölcseit.

Amikor az alsó rész aranyszínűvé válik, fordítsuk meg egy spatula segítségével. Tegyünk még egy evőkanálnyi zöldséget a serpenyő széleire. Süssük körülbelül 2 percig, amíg a palacsinta megpirul.

Fordítsuk meg újra, és vegyük magasabbra a hőfokot, hogy az alsó rész is aranybarnára süljön. Forrón tálaljuk cho-ganjanggal (ecetes szójaszósz). Ugyanezt a folyamatot ismételjük meg a maradék tésztával és a hozzávalókkal.

해물파전

재료 ⋏⋏-⋏⋏
김치전 2개 분량

쪽파 4-cm 길이로 썬 것 100g
해물 (새우살, 오징어, 조갯살 등) 80g
청/홍고추 어슷 썬 것 1큰술
계란 1개, 살짝 저어 푼 것
식용유 약 ½ 컵

반죽
부침가루 125g
(혹은 중력분 60g, 박력분 60g, 옥수수전분 5g)
차가운 200ml
소금 ½작은술
백후추 약간

초간장
간장 1큰술
식초 ½큰술
설탕 1작은술
고춧가루 ½작은술

볼에 반죽 재료를 넣고 멍울이 없도록 저어준다. 해물의 반과 쪽파를 넣고 잘 섞는다.

작은 볼에 초간장 재료를 넣고 섞는다.

팬을 중불에 예열한 후 식용유 3큰술을 두른다. 반죽의 반을 넣어 넓고 둥글게 잘 펼쳐준다. 반죽이 익어버리기 전에 남은 해산물과 고추의 반을 올리고 계란물 반을 살짝 뿌려준다. 계란물이 익어가며 해물과 전이 떨어지지 않게 한다.

뒷면이 노릇해지면 주걱으로 뒤집어준다. 팬 옆쪽으로 식용유 1큰술을 더 뿌려주고 노릇하게 2분 정도 더 지져낸다.

다시 뒤집고 불을 더 세게 하여 뒷면이 바삭하고 노릇하게 지진다. 뜨거울 때 초간장과 함께 낸다. 같은 방법을 반복하여 남은 반죽으로 1장을 더 부쳐낸다.

WHICH HUNGARIAN WINE
SHOULD I CHOOSE WITH IT?

The most stylish pairing for this delicious seafood pancake is undoubtedly traditional sparkling wine, which can be found in many excellent Hungarian winemakers' portfolios. The fresh acidity and delicate yeasty notes are a perfect match for the pancake's crisp and creamy texture, as well as the flavours of the seafood and spring onions.

MELYIK MAGYAR BORT
VÁLASSZAM HOZZÁ?

A legstílusosabb párosítás ehhez az ízletes tenger gyümölcseivel készült palacsintához kétségkívül a tradicionális pezsgő, ami számos kiváló magyar borász kínálatában megtalálható. A friss savak, finom élesztős jegyek tökéletesen illenek a palacsinta friss ropogós és krémes karakteréhez, valamint a ten-ger gyümölcsei és az újhagyma ízvilágához.

어떤 헝가리 와인과 페어링하나요?

풍미 가득한 해물파전에 잘 어울리는 세련된 페어링은 헝가리의 뛰어난 와인 메이커들이 선보이는 샴페인 방식의 스파클링 와인입니다. 신선한 산미와 섬세한 이스트 향이 파전의 바삭하면서도 부드러운 식감, 그리고 해산물과 파의 풍미와도 완벽한 조화를 이룹니다.

AEHOBAK-JEON

PAN-FRIED BATTERED ZUCCHINI

INGREDIENTS 유유-유유

1 zucchini *(around 250g)*
1 teaspoon salt
2 eggs
¼ cup plain flour
3 tablespoons vegetable oil
½ red chilli pepper, thinly sliced

CHO-GANJANG
(SOY SAUCE WITH VINEGAR)

1 tablespoon ganjang *(Korean soy sauce)*
½ tablespoon rice or apple cider vinegar
1 teaspoon sugar
½ teaspoon gochugaru
(Korean red chilli powder)

Slice the zucchini crosswise into half a centi-metre-thick round pieces. Spread out evenly and sprinkle with salt to draw out any moisture. Leave for 5 minutes and pat dry with a towel (or kitchen paper).

In a bowl, beat the eggs with ¼ teaspoon of salt. Spread the flour out on a small flat pan or a plate.

In a small bowl, make cho-ganjang by mixing the ingredients together.

Heat a pan over medium heat and coat lightly with vegetable oil. Dredge the zucchini in the flour to coat both sides, gently shake off any excess and then dip into the egg batter to coat thinly. Add to the pan and place 1 slice of red chilli pepper on each zucchini for garnish. Fry until golden brown on both sides. It takes around 2-3 minutes on each side for the zucchini to be cooked through.

Serve with cho-ganjang.

AEHOBAK-JEON

SERPENYŐBEN SÜLT, BUNDÁS CUKKINI

1 cukkini *(kb. 250 g)*
1 teáskanál só
2 tojás
¼ csésze finomliszt
3 evőkanál növényi olaj
½ piros csilipaprika, vékonyra szeletelve

CHO-GANJANG
(SZÓJASZÓSZ ECETTEL)
1 evőkanál ganjang *(koreai szójaszósz)*
½ evőkanál rizs- vagy almaborecet
1 teáskanál cukor
½ teáskanál gochugaru *(koreai csilipor)*

Szeleteljük fel a cukkinit fél centiméter vastag, kerek szeletekre. Terítsük szét, és egyenletesen szórjuk meg sóval, hogy a nedvességet kivonjuk belőle. Hagyjuk állni 5 percig, majd konyharuhával (vagy papírtörlővel) töröljük szárazra.

Egy tálban verjük fel a tojásokat ¼ teáskanál sóval. Egy kis tepsire vagy tányérra szórjuk ki a lisztet.

Egy kis tálban készítsük el a cho-ganjangot úgy, hogy a hozzávalókat összekeverjük.

Melegítsünk fel egy serpenyőt közepes lángon, és enyhén kenjük meg növényi olajjal. A cukkinit forgassuk bele a lisztbe úgy, hogy mindkét oldalát bevonjuk vele, majd óvatosan rázzuk le a felesleges lisztet, és mártsuk bele a tojásba. Tegyük a serpenyőbe, és díszítésként tegyünk minden cukkinire egy-egy szelet piros csilipaprikát. Süssük mindkét oldalát aranybarnára. Körülbelül 2-3 perc sütés kell mindkét oldalon, hogy a cukkini alaposan megsüljön.

Tálaljuk a cho-ganjanggal.

애호박전

재료 👨-👩

애호박 1개 (250g 정도)
소금 1작은술
계란 2개
중력분 30g
식용유 3큰술
홍고추 ½개 (얇게 썰기)

초간장
간장 1큰술
식초 ½큰술
설탕 1작은술
고춧가루 ½작은술

애호박은 0.5cm 두께로 둥글게 썬다. 소금을 뿌려 5분 정도 두어 수분이 나올 수 있게 한다. 키친타올로 수분을 살짝 제거한다.

볼에 계란과 소금을 넣고 저어 풀어준다. 접시에 밀가루를 고르게 펴 준다.

작은 볼에 초간장 재료를 넣고 잘 섞어둔다.

팬을 중불에 달군 후 식용유를 넣어 코팅한다. 애호박 양면에 밀가루를 묻혀 털어내고 계란물에 담갔다 건져 팬에 올린다. 애호박 윗면에 고추를 고명으로 올린다. 앞뒤로 뒤집어 양면을 노릇하게 지져낸다. 애호박이 속까지 익게 하기 위해서 한 면당 2-3분 정도 구워야 한다.

초간장과 함께 낸다.

WHICH HUNGARIAN WINE SHOULD I CHOOSE WITH IT?

You should try two different pairings with aehobak-jeon, as it creates an exciting combination with both a crisp Grüner Veltliner and a dry Hárslevelű. The light, slightly sweet nature of the dish pairs wonderfully with the delicate floral notes of the Hárslevelű, while the Grüner Veltliner brings out a fresh, spicy contrast.

MELYIK MAGYAR BORT VÁLASSZAM HOZZÁ?

A friss, bundás cukkini mellé két párosítást is érdemes kipróbálni, mivel egy friss Zöldvelteinivel és a száraz Hárslevelűvel is nagyon izgalmas ízkombinációt alkot. A fogás üde, finoman édeskés jellege a Hárslevelű kedves virágosságával, míg a Zöldveltelini esetében a friss fűszeres karakterrel talál harmóniára.

어떤 헝가리 와인과 페어링하나요?

애호박전은 두 가지 와인과의 페어링을 추천합니다. 상큼한 그뤼너 펠트리너(Grüner Veltliner)와 드라이 하르쉬레벨루 (Hárslevelű)와 흥미로운 조화를 이룹니다. 애호박전의 담백하면서도 자연스러운 단맛은 하르쉬레벨루의 섬세한 꽃향기와 훌륭하게 어우러지고, 그뤼너 펠트리너는 신선하면서도 은은한 스파이시함을 더해줍니다.

JJIMDAK

BRAISED CHICKEN WITH SOY SAUCE

INGREDIENTS 유유

500g deboned chicken thighs, skin-on
50g dangmyeon
(dried sweet potato glass noodles)
3 dried pyogo *(shiitake)* mushrooms
1 dried red chilli pepper
2 cloves of garlic, sliced
1 tablespoon vegetable oil
1-1½ cups water
150g potato, sliced
2 carrots, cut into discs
1 medium onion, thickly sliced
1 green onion, diagonally sliced

YANGNYEOM (SEASONING)

5½ tablespoons ganjang *(Korean soy sauce)*
1 tablespoon rice wine *(or dry white wine)*
1 tablespoon dark caster sugar
1 tablespoon sugar
1 tablespoon minced garlic
1 teaspoon minced ginger
1 tablespoon jocheong *(rice syrup)*
black pepper to taste

TIP

The amount of water may differ depending on the type of pan used for cooking. Adjust the amount of water accordingly.
Serve with rice or alternatively, eat the meat & vegetables first and stir-fry the rice with the remaining sauce, chopped kimchi and toasted seaweed flakes.

Trim the chicken and make several incisions on the skin side using the tip of a paring knife or a fork. Soak the noodles in lukewarm water for 20-30 minutes. Soak the dried mushrooms in lukewarm water until rehydrated. Squeeze out the excess water from the mushrooms and cut in half. Cut the dried red chilli pepper into 2cm-thick slices with scissors. Shake the chilli pepper slices to remove the seeds. This will help to reduce the heat.

Heat a frying pan over low heat and add 1 table-spoon of vegetable oil as well as the dried chilli pepper and garlic slices. Stir-fry on low heat until fragrant. Remove the chilli pepper and garlic slices. Increase the heat to medium and add the chicken skin side down and sear until evenly golden. Transfer the chicken, chilli pepper and garlic to a saucepan.

Add enough water to the pan (around 1-1½ cups) to cover the chicken. Bring to the boil and cook for 10 minutes over medium heat while skimming off the fat and any impurities. Mix all the ingredients for the sauce and add to the pan. Add the potato and carrot and cook for another 5 minutes.

Add the onion and mushrooms to the pan. Cut the meat into bite-sized pieces with scissors.
Keep boiling until the broth is reduced to half. Add the noodles and green onion. Boil over high heat for 3 minutes. Transfer to a plate.

JJIMDAK

SZÓJASZÓSZOS PÁROLT CSIRKE

500 g bőrös csirkecombfilé
50 g dangmyeon *(szárított édesburgonya - keményítős üvegtészta)*
3 szárított pyogo *(shiitake)* gomba
1 szárított piros csilipaprika
2 gerezd fokhagyma, felszeletelve
1 evőkanál növényi olaj
1-1½ csésze víz
150 g burgonya, vékony szeletekre vágva
2 sárgarépa, vékonyan felkarikázva
1 közepes vöröshagyma, vastag szeletekre vágva
1 szál újhagyma, átlósan felszeletelve

YANGNYEOM (FŰSZEREZÉS)

5½ evőkanál ganjang *(koreai szójaszósz)*
1 evőkanál rizsbor *(vagy száraz fehérbor)*
1 evőkanál nádcukor
1 evőkanál cukor
1 evőkanál finomra aprított fokhagyma
1 teáskanál finomra aprított gyömbér
1 evőkanál jocheong (rizsszirup)
fekete bors, ízlés szerint

TIPP

A víz mennyisége a főzéshez használt edény típusától függően változhat. Ennek megfelelően állítsuk be a víz mennyiségét.
Tálaljuk rizzsel, vagy alternatívaként először a húst és a zöldségeket fogyasszuk el, majd a rizst a maradék szósszal, apróra vágott kimchivel és pirított tengeri algapehellyel keverve süssük meg.

Tisztítsuk meg a csirkét, és a bőrös oldalán egy kis késsel vagy villával készítsünk néhány bevágást. A tésztát 20-30 percig áztassuk langyos vízbe. A szárított gombákat is áztassuk be langyos vízbe, amíg visszanyerik a nedvességüket.Nyomjuk ki a felesleges vizet a gombákból, majd vágjuk őket félbe.
A szárított piros csilipaprikát vágjuk fel ollóval 2 cm vastag szeletekre. Rázzuk ki belőle a magokat, hogy enyhítsünk az erősségén.

Melegítsünk fel egy serpenyőt alacsony hőfokon, adjunk hozzá 1 evőkanál növényi olajat, és tegyük bele a szárított csilipaprika- és fokhagymaszeleteket. Alacsony hőfokon kevergetve pirítsuk, amíg illatos lesz. Vegyük ki a csilipaprikát és a fokhagymát. Emeljük a hőfokot közepesre, és a csirkét bőrös felével lefelé helyezzük bele, majd egyenletesen pirítsuk aranybarnára. Tegyük át a csirkét, a csilipaprikát és a fokhagymát egy lábasba.

A lábasba annyi vizet (kb. 1-1½ csésze) öntsünk, hogy az ellepje a csirkét. Forraljuk fel, és főzzük 10 percig közepes lángon, miközben a keletkező zsírt és a szennyeződéseket lefölözzük. Keverjük össze az összes hozzávalót a szószhoz, és öntsük a lábasba. Adjuk hozzá a burgonyát, a sárgarépát, és főzzük még 5 percig.

Adjuk hozzá a vöröshagymát és a gombát. Vágjuk a húst falatnyi darabokra egy ollóval. Addig forraljuk, amíg az alaplé a felére csökken. Adjuk hozzá a tésztát és az újhagymát. Forraljuk nagy lángon 3 percig. Tegyük át egy tányérra.

찜 닭

재료   👥

닭다리살 (껍질 있는 것) 500g
당면 50g
마른 표고버섯 3개
건고추 1개
마늘 2쪽 (얇게 썰기)
식용유 1큰술
물 250~375ml
감자 둥글게 1cm 두께로 썬 것 150g
당근 동그랗게 7mm 두께로 썬 것 120g
양파 굵게 썬 것 100g
파 1대 (어슷썰기)

양념

간장 5½큰술
청주 (혹은 드라이한 화이트와인) 1큰술
흑설탕 1큰술
설탕 1큰술
다진 마늘 1큰술
다진 생강 1작은술
조청 1큰술
후추 약간

팁

물양은 사용하는 냄비에 따라 달라질 수 있다. 냄비에 따라 물양을 조절하면 된다.
밥과 함께 내거나, 먼저 고기와 채소를 다 먹은 후 남는 소스에 밥, 잘게 썬 김치, 김가루를 넣고 볶아 볶음밥을 만드는 것도 별미이다.

닭다리살은 힘줄, 지방 등을 다듬은 후 포크나 칼끝을 이용하여 껍질 부분을 콕콕 찔러준다. 당면과 미지근한 물에 20~30분 동안 불리고 마른 표고버섯은 딱딱한 부분이 없을 때까지 불린다. 버섯의 물기를 꼭 짜내고 반으로 자른다.
건고추는 가위를 사용하여 2cm 길이로 자른다. 매운맛을 줄이려면 자른 건고추를 흔들어 씨를 제거한다.

팬을 약불에 달군 후 식용유 1큰술을 두르고 건고추와 마늘을 넣는다. 약불에서 마늘과 고추기름을 낸다. 마늘과 고추를 꺼내고 불을 중불로 높인 후 닭고기의 껍질이 밑면을 향하게 하여 팬에 놓는다. 노릇할 때까지 구운 후 닭고기와 고추, 마늘을 함께 냄비에 넣는다.

냄비에 닭이 충분히 잠길 만큼의 물(1-1½깁 징도)을 넣는다. 중불에 놓고 끓이고, 끓기 시작하면 중불에 10분간 끓여준다. 이때 기름과 불순물을 걷어낸다. 양념 재료를 볼에 넣어 섞은 뒤 냄비에 넣는다. 감자와 당근을 넣고 5분 더 끓인다.

양파와 버섯을 넣고 가위를 사용하여 고기를 한입 크기로 자른다. 국물이 처음의 반으로 줄어들 때까지 계속 끓이다가 당면과 파를 넣는다. 강불에서 3분 동안 끓인 후 마무리한다. 접시에 플레이팅한다.

WHICH HUNGARIAN WINE
SHOULD I CHOOSE WITH IT?

Jjimdak with its balanced sweet and mildly spicy flavours pairs wonderfully with a fresh, fruity rosé, but becomes especially exciting when matched with a Tokaji Sweet Szamorodni. While the rosé creates a light and refreshing pairing, the smooth sweetness and velvety texture of the Sweet Szamorodni bring a lovely roundness and complexity to the dish.

MELYIK MAGYAR BORT
VÁLASSZAM HOZZÁ?

A szójaszószos párolt csirke a harmonikusan édes, finoman csípős ízvilágával csodásan párosítható egy friss, gyümölcsös rozéval, és különösen izgalmas egy tokaji Édes Szamorodnival is. Míg a rozéval egy friss, könnyed párost alkot, addig az Édes Szamorodni simogató kedvessége és bársonyossága szép kerekséget és komplexitást ad a fogáshoz.

어떤 헝가리 와인과 페어링하나요?

달콤하면서도 은은한 매콤함이 조화로운 찜닭은 신선한 과실향의 로제 와인과도 잘 어울리지만, 토카이 에데스 사모로드니(Tokaji Édes Szamorodni)와 매칭하면 더욱 흥미롭습니다. 로제는 가볍고 상쾌한 페어링을 만들어주는 반면, 에데스 사모로드니의 부드러운 단맛과 벨벳 같은 질감은 찜닭의 매콤한 맛과 어우러져 깊이와 복합적인 풍미를 더해줍니다.

DAK-BOKKEUM-TANG

SPICY BRAISED CHICKEN

INGREDIENTS 유유

500g deboned chicken thighs, skin-on
150g potato, sliced
2 carrots, cut into discs
1 medium onion, thickly sliced
½-1 cup water
4 tteok *(rice cake sticks for tteokbokki)*
1 green onion, sliced for garnish
2 leaves kkaennip *(perilla leaves)*, sliced for
garnish, optional
½ tablespoon sesame oil

YANGNYEOM (SEASONING)
1-2 tablespoons gochugaru
(Korean red chilli powder)
2 tablespoons gochujang
(Korean red chilli paste)
½ tablespoon doenjang
(Korean soybean paste)
2 tablespoons ganjang *(Korean soy sauce)*
2 tablespoons jocheong *(rice syrup)*
1 tablespoon sugar
1 tablespoon minced garlic
1 teaspoon minced ginger
black pepper to taste

TIP
The amount of water may differ depending on
the type of pan used for cooking. Adjust the
amount of water accordingly.

Serve with rice or alternatively, eat the meat
& vegetables first and stir-fry the rice with the
remaining sauce, chopped kimchi and toasted
seaweed flakes.

Soak the rice cake sticks in water for 10 minutes.

In a small bowl, mix all the seasoning ingredients
together. Cut the chicken into bite-sized pieces
(the chicken will shrink while cooking, so cut it into
fairly big chunks). Mix the sauce with the chicken.

Arrange the onion, carrots and potato in a pan
and top with the chicken and seasoning mixture.
Pour in water to the side. Bring to the boil over
medium heat and stir to prevent it from sticking
to the pan. Cover and simmer for 20 minutes
until the chicken and potato are tender.

Uncover and add the rice cake sticks to the pan,
simmer for another 5 minutes until the rice cake
is tender. Garnish with green onion, perilla leaves
and drizzle with sesame oil to finish.

DAK-BOKKEUM-TANG

CSÍPŐS PÁROLT CSIRKE

HOZZÁVALÓK 옷옷

500 g bőrös csirkecombfilé
150 g burgonya, vékonyra szeletelve
2 sárgarépa, vékonyra szeletelve
1 közepes vöröshagyma, vastag
szeletekre vágva
½-1 csésze víz
4 tteok *(rizsnudlikorong)*
1 szál újhagyma, szeletelve a díszítéshez
2 levél kkaennip *(perillalevél)*, szeletelve a
díszítéshez, opcionális
½ evőkanál szezámolaj

YANGNYEOM (FŰSZEREZÉS)

1-2 evőkanál gochugaru *(koreai csilipor)*
2 evőkanál gochujang *(koreai vöröscsili-paszta)*
½ evőkanál doenjang *(koreai szójapaszta)*
2 evőkanál ganjang *(koreai szójaszósz)*
2 evőkanál jocheong *(rizsszirup)*
1 evőkanál cukor
1 evőkanál finomra aprított fokhagyma
1 teáskanál finomra aprított gyömbér
fekete bors, ízlés szerint

TIPP

A víz mennyisége a főzéshez használt edény
típusától függően változhat. A víz mennyiségét
ennek megfelelően állítsuk be.
Tálaljuk rizzsel, vagy alternatívaként először
a húst és a zöldségeket fogyasszuk el, majd
a rizst a maradék szósszal, apróra vágott
kimchivel és pirított tengerialga-pehellyel
keverve süssük meg.

Áztassuk a rizsnudlikat 10 percre vízbe.

Egy kis tálban keverjük össze a fűszerezés hozzá-
valóit. A csirkét vágjuk falatnyi darabokra (a csirke
sütés közben összemegy, ezért vágjuk viszonylag
nagyobb darabokra). Keverjük össze a szószt
a csirkével.

Tegyük a vöröshagymát, a sárgarépát, a burgo-
nyát egy lábasba, és a tetejére tegyük a csirkét
és a fűszerkeveréket. Öntsük bele vizet. Közepes
lángon forraljuk fel, és kevergessük, hogy ne
tapadjon le a lábasban. Tegyünk rá fedőt, és
pároljuk 20 percig, amíg a csirke és a burgonya
megpuhul.

Vegyük le a fedőt, és tegyük a fazékba a rizs-
nudlikat, pároljuk még 5 percig, amíg a rizsnudli
is megpuhul. Díszítsük újhagymával, perilla-
levéllel, és a befejezéshez csepegtessünk rá
szezámolajat.

닭볶음탕

재료 👥

닭다리살 (껍질 있는 것) 500g
감자 둥글게 1cm 두께로 썬 것 150g
당근 동그랗게 7mm 두께로 썬 것 120g
양파 굵게 썬 것 100g
물 250~375ml
떡볶이 떡 4개
파 1대 (송송 썰기)
깻잎 2장 (얇게 채 썰기), 옵션
참기름 ½큰술

양념

고춧가루 1~2큰술
고수장 2큰술
된장 ½큰술
간장 2큰술
조청 2큰술
설탕 1큰술
다진 마늘 1큰술
다진 생강 1작은술
후추 약간

팁

물양은 사용하는 냄비에 따라 달라질 수 있다. 냄비에 따라 물양을 조절하면 된다.
밥과 함께 내거나, 먼저 고기와 채소를 다 먹은 후 남는 소스에 밥, 잘게 썬 김치, 김가루를 넣고 볶아 볶음밥을 만드는 것도 별미이다.

떡볶이 떡은 물에 10분간 불린다.

작은 볼에 양념 재료를 넣고 잘 섞는다. 닭고기는 한입 크기로 썰고 양념과 함께 버무려준다. 닭고기는 익힐 때 크기가 줄어들 수 있으니 약간 크게 써는 게 좋다.

양파, 당근, 감자를 냄비에 넣고 그 위에 양념에 버무린 닭고기를 올린다. 옆쪽으로 물을 붓고 중불에서 끓여준다. 냄비에 붙지 않도록 저어준다. 끓어오르면 뚜껑을 닫고 불을 약불로 줄여 닭고기와 감자가 부드럽게 익을 때까지 20분 정도 뭉근하게 끓여준다.

뚜껑을 열고 떡을 넣은 후 떡이 익을 때까지 5분간 더 끓인다. 파와 깻잎을 올리고 참기름을 살짝 둘러 마무리한다.

WHICH HUNGARIAN WINE SHOULD I CHOOSE WITH IT?

Although white wine is typically paired with chicken, the seasoning and preparation of this dish make it better suited to a light red wine. A fruity Kadarka is a perfect match, but those who prefer bolder flavours can confidently choose a Kékfrankos or Bikavér.

MELYIK MAGYAR BORT VÁLASSZAM HOZZÁ?

Bár a csirkéhez alapvetően fehér bort szoktak párosítani, a fűszerezés és az elkészítési mód miatt mégis inkább egy könnyebb vörösbort érdemes hozzá választani. Tökéletes mellé egy gyümölcsös Kadarka, de a karakteresebb ízek kedvelői bátran válasszanak Kékfrankost vagy Bikavért.

어떤 헝가리 와인과 페어링하나요?

보통 닭고기 요리에는 화이트 와인을 매칭하지만, 닭볶음탕의 양념과 조리 방식에는 라이트한 레드 와인이 더 잘 어울립니다. 프루티한 카다르카(Kadarka)가 최적의 페어링이지만, 좀 더 강한 풍미를 원하신다면 킥프랑코쉬 (Kékfrankos)나 비카베르(Bikavér)를 선택해도 좋습니다.

TTEOKBOKKI

SPICY RICE CAKE STEW

INGREDIENTS 옷옷-옷옷

500g tteok *(rice cake sticks for tteokbokki)*
2 sheets of fish cake
1-1¼ cup water
2 green onions, diagonally sliced
1 medium onion, thickly sliced
2 hard-boiled eggs

YANGNYEOM (SEASONING)
3 tablespoons gochujang
(Korean red chilli paste)
3 tablespoons sugar
2 tablespoons ganjang *(Korean soy sauce)*
2 tablespoons jocheong *(rice syrup)*
2 tablespoons tomato ketchup, optional
1 tablespoon gochugaru
(Korean red chilli powder)

Soak the rice cake sticks in water for 10 minutes and drain.

Cut the fish cake into small strips, similar in size to the rice cakes.

In a small bowl, combine the seasoning ingredients and mix well.

In a pan, combine the water, rice cake sticks, onions, green onion and bring to a boil.

When the rice cake softens, add the seasoning mixture and fish cake. Continue to cook over medium heat for 3-5 minutes until the sauce thickens. Add the hard-boiled egg and simmer for 2 minutes.

TTEOKBOKKI

FŰSZERES RIZSNUDLI

HOZZÁVALÓK ♟♟-♟♟

500 g tteok *(rizsnudli)*
2 db halpogácsa
1–1¼ csésze víz
2 szál újhagyma, átlósan felszeletelve
1 közepes vöröshagyma,
vastag szeletekre vágva
2 keménytojás

YANGNYEOM (FŰSZEREZÉS)
3 evőkanál gochujang *(koreai csilipaszta)*
3 evőkanál cukor
2 evőkanál ganjang *(koreai szójaszósz)*
2 evőkanál jocheong *(rizsszirup)*
2 evőkanál ketchup, opcionális
1 evőkanál gochugaru *(koreai csilipor)*

Áztassuk a rizsnudlit 10 percig vízben, majd csepegtessük le.

Vágjuk a halpogácsát apró, a rizsnudlihoz hasonló méretű csíkokra.

Egy kis tálban keverjük össze a fűszerezés hozzávalóit.

Egy serpenyőben keverjük össze a vizet, a rizsnudlit, a vöröshagymát, a zöldhagymát, és forraljuk fel.

Amikor a rizsnudli megpuhul, adjuk hozzá a fűszerkeveréket és a halpogácsát. Közepes lángon főzzük tovább 3-5 percig, amíg a szósz besűrűsödik. Adjuk hozzá a keményre főtt tojást, és pároljuk 2 percig.

떡볶이

재료 유유-유유

떡볶이떡 500g
어묵 2장
물 250~300ml
파 2대 (어슷썰기), 대파일 경우 1대
양파 1개 (굵게 채 썰기)
삶은 계란 2개

양념
고추장 3큰술
설탕 3큰술
간장 2큰술
조청 2큰술
토마토케첩 2큰술, 옵션
고춧가루 1큰술

떡볶이떡은 물에 10분간 불린다.

어묵은 떡과 비슷한 크기로 가늘고 길게 썬다.

작은 볼에 양념 재료를 함께 넣고 잘 섞는다.

냄비에 물, 양파, 파, 떡을 넣고 끓인다.

떡이 익어서 부드러워지면 양념과 어묵을 넣고 잘 저어준다. 국물이 진득해질 때까지 중불에서 3~5분 정도 끓인다. 삶은 계란을 넣고 2분 정도 약불에서 더 끓인 후 마무리한다.

WHICH HUNGARIAN WINE SHOULD I CHOOSE WITH IT?

Light sparkling wines are the best match for this true Korean street food classic. You can opt for a dry or off-dry white or rosé—none will disappoint. In fact, even classic still rosés pair wonderfully with it - of course, this also depends on what else you're having with it.

MELYIK MAGYAR BORT VÁLASSZAM HOZZÁ?

Ehhez az igazi koreai street food klasszikushoz a könnyed habzóborok passzolnak a legjobban. Választhatunk belőlük egy száraz vagy félszáraz fehéret vagy rozét – egyik sem fog csalódást okozni, sőt, a klasszikus csendes rozék is kiválóan párosíthatók vele. Persze ez attól is függ, hogy eszünk-e még mellé valamit.

어떤 헝가리 와인과 페어링하나요?

한국의 대표적인 길거리 음식인 떡볶이에는 라이트한 스파클링 와인이 최고의 선택입니다. 드라이나 세미드라이 화이트, 로제 와인을 선택해도 모두 잘 어울릴 거예요. 일반 로제 와인도 좋지만, 곁들이는 음식에 따라 페어링이 달라질 수 있습니다.

KIMBAP

GIMBAP

INGREDIENTS   ♟♟♟♟

2 cups short-grain rice *(sushi rice)*
2½ cups water
½ teaspoon salt
1 teaspoon sesame oil

4 sheets gim *(dried laver seaweed sheets)*

MARINATED BEEF
300g beef *(rump or ribeye steak)*, cut into
matchsticks *(or minced beef)*
2 tablespoons ganjang *(Korean soy sauce)*
1 tablespoon sugar
½ tablespoon minced garlic
1 tablespoon minced green onion
1 tablespoon sesame oil
1 teaspoon toasted & roughly ground
sesame seeds
black pepper to taste

THIN EGG OMELET
4 eggs
¼ teaspoon salt
½ tablespoon mirin

VEGETABLES
2 cups carrot, cut into matchsticks
½ large cucumber, cut in half lengthways,
½ teaspoon salt, 1 tablespoon water
4 strips danmuji *(pickled radish strips)*
4 strips surimi

sesame oil to finish

TIP
You can replace/add any topping you like. Try it
with sausages, tofu, tuna, parsnip, spinach, etc.
For gim (dried seaweed sheets, make sure to
get the one for kimbap or sushi making).

Rinse the rice under running water in a fine sieve.

Combine the rice with water, salt and sesame oil in a saucepan. Cover and bring to the boil. When it has come to the boil, turn down the heat to low and simmer for 15 minutes. Turn off the heat and leave for 5 minutes. Fluff the rice with a spatula.

In a bowl, combine the beef and other sauce ingredients for the 'marinated beef'. Mix well and leave for 10 minutes. Add 1 teaspoon of vegetable oil to a hot frying pan and stir-fry the beef until it is cooked through and most of the moisture has evaporated. Set aside.

For the cucumber, scrape out the seeds with a spoon. Cut into 8 thin strips. In a bowl, mix the salt and water to make a brine, add the cucumber strips to the brine for 20 minutes. Drain the cucumber and remove any excess water using a kitchen paper.

Mix the eggs, salt and mirin together in a bowl. Heat a frying pan over low heat and slightly coat with vegetable oil using a kitchen paper. Add just enough egg mixture to cover the pan. When the egg is cooked, turn it using a spatula and remove it from the pan after 10 seconds. Leave to cool and cut into thin strips. Repeat the steps for the remaining egg mixture.

Add 1 teaspoon of vegetable oil and the carrot to a hot pan. Season with salt and stir-fry until just tender. Let it cool. Tear a piece of surimi in half.

Place a sheet of seaweed onto a bamboo mat and evenly spread a handful of cooked rice, leaving about 2cm uncovered at the top. Place a quarter each of the whole amount of beef, carrot, egg, cucumber, surimi and pickled radish in the lower centre of the spread out rice.

Use both hands to roll the mat, while holding the fillings with your finger tips. When both ends of the rice meet, dampen the end of the seaweed with water and roll it up completely. Hold the mat with both hands and press firmly to tighten the roll.

Coat the finished kimbap with sesame oil and slice crosswise into 1.5cm-thick pieces.

KIMBAP

GIMBAP

HOZZÁVALÓK 유유유유

2 csésze kerekszemű rizs *(pl. szusirizs)*
2 ½ csésze víz
½ teáskanál só
1 teáskanál szezámolaj

Gim *(szárított algalap)* 4 lap

PÁCOLT MARHAHÚS
300 g marhahús *(felsál vagy bordaszelet)*,
gyufaszálakra vágva *(vagy darált marhahús)*
2 evőkanál ganjang *(koreai szójaszósz)*
1 evőkanál cukor
½ evőkanál finomra aprított fokhagyma
1 evőkanál finomra aprított újhagyma
1 evőkanál szezámolaj
1 teáskanál pirított és durvára őrölt szezámmag
fekete bors, ízlés szerint

VÉKONY TOJÁSOS OMLETT
4 tojás
¼ teáskanál só
½ evőkanál mirin

ZÖLDSÉGEK
2 csésze sárgarépa, gyufaszálakra vágva
½ nagy uborka, hosszában félbevágva,
½ teáskanál só, 1 evőkanál víz
4 csík danmuji *(savanyított retekcsíkok)*
4 csík surimi

szezámolaj, a befejezéshez

TIPP
Bármilyen tetszés szerinti tölteléket adhatunk
hozzá. Érdemes akár helyi alapanyagokkal is
kipróbálni, például kolbásszal, tofuval, tonhallal,
paszternákkal, spenóttal stb. A gimhez
mindenképpen a kimbapkészítéshez való
szárított algalapot vegyük.

Szűrőben, folyó víz alatt öblítsük le a rizst.

Egy edényben keverjük össze a rizst a vízzel, a sóval és a szezámolajjal. Tegyük rá a fedőt, és forraljuk fel. Amikor forr, csökkentsük a hőfokot alacsonyra, és főzzük 15 percig. Kapcsoljuk le a hőfokot, és hagyjuk állni 5 percig. Egy spatulával keverjük össze a rizst.

Keverjük össze egy tálban a marhahúst és a „pácolt marhahúshoz" való többi hozzávalót. Jól keverjük össze, és hagyjuk állni 10 percig. Hevítsünk fel egy serpenyőt és adjunk hozzá 1 teáskanál növényi olajat, majd pirítsuk a marhahúst, amíg teljesen átsül és a nedvesség nagy része elpárolog. Tegyük félre.

Az uborkából egy kanállal kaparjuk ki a magokat. Vágjuk 8 vékony csíkra. Egy tálban keverjük össze a sót és a vizet, hogy sós pác készüljön, tegyük az uborkacsíkokat 20 percre a sós pácba. Csepegtessük le az uborkát, és papírtörlővel távolítsuk el a felesleges vizet.

Keverjük össze a tojásokat, a sót és a mirint egy tálban. Hevítsünk fel egy serpenyőt alacsony hőfokon, és egy papírtörlő segítségével kissé kenjük meg növényi olajjal. Adjunk hozzá annyi tojásos keveréket, hogy a serpenyőt ellepje. Amikor a tojás megsült, forgassuk meg egy spatula segítségével, és 10 másodperc után vegyük ki a serpenyőből. Hagyjuk kihűlni, és vágjuk vékony csíkokra. Ismételjük meg a lépéseket a maradék tojásos keverékkel.

Hevítsünk fel egy serpenyőt és tegyünk bele 1 teáskanál növényi olajat, és adjuk hozzá a sárgarépát. Ízesítsük sóval, és pirítsuk, amíg kissé megpuhul. Hagyjuk kihűlni. Vágjuk félbe a surimit.

Helyezzünk bambuszrolóra egy algalapot, és egyenletesen terítsünk rá egy marék főtt rizst, úgy, hogy a felső oldalon kb. 2 cm szabadon maradjon. Az elterített rizs közepétől lentebb helyezzük el a teljes mennyiségű marhahús, sárgarépa, tojás, uborka, surimi és a savanyított retek egyenként ¼ részét.

Mindkét kezünkkel tekerjük fel a rolót, miközben a töltelékeket ujjbegyeinkkel tartjuk. Amikor a rizs két vége találkozik, tegyünk egy kis vizet a rizs végére és tekerjük fel teljesen. A kész tekercset a bambuszrolóval szorítsuk meg, hogy jól összeálljon.

A kész kimbapot megkenjük szezámolajjal, és keresztben 1,5 cm vastag szeletekre vágjuk.

김밥

재료 ❪❪❪❪

쌀 450g
물 625ml
소금 ½작은술
참기름 1작은술

김밥용 김 4장

소고기볶음
소고기 (불고기감) 채 썬 것 300g
간장 2큰술
설탕 1큰술
다진 마늘 ½큰술
다진 파 1큰술
참기름 1큰술
깨소금 1작은술
후추 약간

계란 지단
계란 4개, 소금 ¼작은술, 미림 ½큰술

채소
당근 채 썬 것 240g
오이 ½개 (길게 반으로 가르기), 소금 ½작은술, 물 1
큰술
단무지 4줄
게맛살 4줄

마무리용 참기름 약간

팁
김밥 재료는 세계 어디서든 쉽게 구할 수 있는 것으로
대체 가능하다. 소시지, 두부, 참치, 파스닙, 시금치
등 로컬 재료를 사용해 보자. 김은 꼭 김밥용 김으로
구해야 한다.

쌀을 씻어 고운체에 밭친다. 냄비에 쌀과 물, 소금, 참기름을 넣고 뚜껑을 닫고 끓인다. 끓어오르면 약불로 낮추고 15분간 끓인다. 불을 끄고 5분간 뜸을 들인다. 주걱으로 아래위로 살살 뒤적여 섞어준다.

볼에 소고기볶음용 양념 재료와 소고기를 함께 넣고 잘 섞어 10분간 재운다. 달군 팬에 식용유 1작은술을 넣어 고기가 완전히 익고 수분이 날아갈 때까지 저어가며 볶아준다.

오이씨는 숟가락으로 긁어내고 가늘고 길게 8개로 자른다. 볼에 소금과 물을 섞어 소금물을 만들고 손질한 오이를 넣어 20분간 절인다. 키친타올로 물기를 제거한다.

볼에 계란, 소금, 미림을 넣고 잘 풀어준다. 팬을 약불에 달군 후 식용유를 살짝 코팅한다. 팬을 얇게 덮을 만큼의 계란물을 넣고 밑면을 잘 익혀준다. 주걱으로 뒤집고 10초 후 완성된 지단을 꺼낸다. 식힌 후 얇게 썬다. 남은 계란물로 같은 과정을 반복하여 지단을 만든다.

달궈진 팬에 식용유 1작은술을 넣고 당근을 볶는다. 소금으로 간하고 살짝 숨이 죽을 때까지 볶은 후 접시에 펼쳐 식힌다. 게맛살은 반으로 가른다.
6. 김발에 김을 놓고 밥 한 공기 정도를 넓게 펼치는데, 위쪽 2cm 정도는 남겨둔다. 각 재료의 ¼씩을 밥의 중앙보다 살짝 아랫부분에 나란히 놓는다. 양손을 이용하여 안쪽부터 눌러가며 김발을 만다. 밥의 양 끝이 만날 때 끝부분에 물을 발라준 후 끝까지 말아준다.

완성된 김밥에 참기름을 바른 후 1.5cm 두께로 동그랗게 썬다.

WHICH HUNGARIAN WINE
SHOULD I CHOOSE WITH IT?

Kimbap harmoniously combines umami, nutty notes and subtle sweetness, making white wines the best match for it. One of the most exciting pairings for classic kimbap is Somló Juhfark, though a dry Olaszrizling also creates a beautiful harmony. A dry sparkling wine is also an excellent choice to serve with it.

MELYIK MAGYAR BORT
VÁLASSZAM HOZZÁ?

A gimbap harmonikusan ötvözi az umamit, a diós jegyeket és a finom édességet, épp ezért a fehér borok illenek a leginkább hozzá. A klasszikus gimbap egyik legizgalmasabb kísérője a somlói Juhfark, de nagyon szép harmóniát alkot vele egy száraz Olaszrizling is, ám akkor sem hibázunk, ha száraz pezsgőt kínálunk mellé.

어떤 헝가리 와인과 페어링하나요?

김밥은 감칠맛, 고소한 맛, 은은한 단맛이 조화를 이루어 화이트 와인과 잘 어울립니다. 김밥에 가장 흥미로운 페어링은 숌로 유파르크(Somló Juhfark)이며, 드라이한 올라스리즐링(Olaszrizling)도 멋진 조화를 이룹니다. 드라이 스파클링 와인도 김밥과 잘 어울리는 훌륭한 선택입니다.

TTEOK-KKOCHI

RICE CAKE SKEWERS WITH GOCHUJANG GLAZE

INGREDIENTS ⅄⅄⅄⅄

32 tteok *(rice cake for tteokbokki)* around 500g
8 wooden skewers
3 tablespoons vegetable oil
1 teaspoon toasted sesame seeds for garnish

GOCHUJANG GLAZE

5 tablespoons jocheong *(rice syrup)* or
oligosaccharide syrup
2 tablespoons tomato ketchup
2 tablespoons sugar
1 tablespoon gochujang
(Korean red chilli paste)
1 tablespoon water
1 tablespoon ganjang *(Korean soy sauce)*
½ tablespoon minced garlic

Soak the rice cake sticks in water for 10 minutes and drain. Add the rice cake sticks to a pan of boiling water to blanch for 3 minutes until tender. Drain and transfer to a bowl. Toss with 1 tablespoon of vegetable oil and assemble 4 rice cake sticks on each wooden skewer.

In a small bowl, combine the 'gochujang glaze' ingredients and mix well.

Heat a frying pan over medium-low heat and add 2 tablespoons of vegetable oil. Add the rice cake skewers to the pan and fry on both sides until crispy and slightly golden. Set aside.

In the same pan, add the gochujang glaze mixture and bring to the boil. When the glaze has come to the boil, turn off the heat.

Coat the rice cake skewers with gochujang glaze using a brush or by applying the glaze directly onto the rice cakes. Garnish with toasted sesame seeds and serve.

TTEOK-KKOCHI

RIZSNUDLINYÁRSAK GOCHUJANG MÁZZAL

HOZZÁVALÓK 옷옷옷옷

32 tteok *(rizsnudli)* kb. 500 g
8 fanyárs
3 evőkanál növényi olaj
1 teáskanál pirított szezámmag, a díszítéshez

GOCHUJANG MÁZ

5 evőkanál jocheong *(rizsszirup)* vagy
oligoszacharid-szirup
2 evőkanál ketchup
2 evőkanál cukor
1 evőkanál gochujang *(koreai csilipaszta)*
1 evőkanál víz
1 evőkanál ganjang *(koreai szójaszósz)*
½ evőkanál finomra aprított fokhagyma

Áztassuk a rizsnudlikat 10 percre vízbe, majd csepegtessük le. A rizsnudlikat 3 percig forró vízben blansírozzuk, amíg megpuhulnak. Csepegtessük le, és tegyük át egy tálba. Forgassuk meg 1 evőkanál növényi olajjal, és minden nyársra 4 rizsnudlit tűzzünk fel.

Tegyük egy kis tálba a „gochujang máz" hozzávalóit, és jól keverjük össze.

Hevítsünk fel egy serpenyőt közepesen alacsony hőfokon, és adjunk hozzá 2 evőkanál növényi olajat. Tegyük a serpenyőbe a rizsnudlinyársakat, és mindkét oldalukon süssük ropogósra és enyhén aranybarnára. Tegyük félre.

Ugyanebbe a serpenyőbe tegyük a gochujang mázas keveréket, és forraljuk fel. Amikor a máz teljesen felforrt, kapcsoljuk le a tűzhelyet.

Kenjük meg a rizsnudlinyársakat a gochujang mázzal ecset segítségével. Pirított szezámmaggal díszítjük és tálaljuk.

떡꼬치

재료 ⚇⚇⚇⚇

떡볶이떡 32개 (약 500g)
꼬치용 나무꽂이 8개
식용유 3큰술
볶은 통깨 1작은술

고추장소스
조청(혹은 올리고당) 5큰술
토마토케첩 2큰술
설탕 2큰술
고추장 1큰술
물 1큰술
간장 1큰술
다진 마늘 ½큰술

떡볶이떡은 물에 10분간 불려준다. 끓는 물에 떡을 넣고 부드러워질 때까지 3분간 데친다. 건져낸 후 볼에 넣고 식용유 1큰술과 함께 버무린다. 꼬치 1개당 떡 4개씩 꽂는다.

작은 볼에 고추장소스 재료를 넣고 잘 섞어준다.

팬을 중약불에 달군 후 식용유 2큰술을 두른다. 떡꼬치를 넣고 앞뒤로 노릇하고 바삭하게 될 때까지 굽는다. 접시에 옮겨둔다.

같은 팬에 고추장소스를 넣어 끓인다. 끓기 시작하면 불을 끈다.

솔이나 숟가락을 사용하여 떡꼬지에 고추장소스를 발라준다. 볶은 통깨를 뿌린 후 마무리한다.

WHICH HUNGARIAN WINE SHOULD I CHOOSE WITH IT?

These delicious rice cakes, crispy on the outside and chewy on the inside, pair best with light sparkling wines. The spicy-sweet glaze also makes them perfect to pair with an aromatic sparkling wine with a hint of residual sugar, creating an exciting match.

MELYIK MAGYAR BORT VÁLASSZAM HOZZÁ?

Ezek az ízletes, kívül ropogós, belül rugalmas rizsnudlik könnyed habozóborokkal a legfinomabbak. A fűszeres-édes máznak köszönhetően akár egy pici maradékcukorral rendelkező illatos fajtát is bátran választhatunk mellé, nagyon izgalmas kombinációt alkotnak együtt.

어떤 헝가리 와인과 페어링하나요?

겉은 바삭하고 속은 쫄깃한 식감이 일품인 떡꼬치는 가벼운 스파클링 와인과 가장 잘 어울리죠. 매콤달콤한 양념에는 약간의 잔여당이 남아있는 아로마틱한 스파클링 와인과도 멋지게 어울려 흥미로운 맛의 조화를 자랑합니다.

KIMCHI

Kimchi isn't just Korea's national dish—it's a vital part of every meal. Made with the freshest seasonal vegetables, kimchi has a refreshing tang and crisp texture thanks to its fermentation process. In this chapter, you'll find three recipes for kimchi which you can serve as a side dish by itself or use in a dish to elevate it to a whole new level.

KIMCHI

A kimchi egyszerre nemzeti étel és nélkülöz-hetetlen köret a koreai konyhában. A friss, szezonális zöldségekből készült kimchi a fer-mentálásnak, vagyis erjesztésnek köszönhetően savanykás és roppanós textúrájú. Ebben a fejezetben három kimchireceptet mutatunk be, amelyeket önmagukban köretként is tálal-hatunk, de akár egy étel elkészítése során is felhasz-nálhatjuk, ezzel teljesen új szintre emelve a fogás ízét.

김치

김치는 한국의 대표적인 음식이고, 한국인의 밥상에서 빼놓을 수 없는 반찬입니다. 신선한 제철 채소로 만든 후 적당히 숙성한 김치는 특유의 상큼하고 아삭한 맛이 일품입니다. 이번 챕터에서는 그 자체로도 반찬이 될 수 있고, 요리에 활용하여 음식의 차원을 바꿀 수 있는 김치 레시피 세 가지를 소개합니다.

BAEK KIMCHI (WHITE KIMCHI): This clean, refreshing kimchi made without gochugaru (Korean red chilli powder) is a versatile side that pairs beautifully with everything from Korean BBQ to jeon (pancakes).

BAECHU KIMCHI (CHINESE LEAVES KIMCHI): The beloved classic kimchi loved by everyone. Well-fermented kimchi doesn't need anything but a bowl of rice. When fermented until sour, use it to cook with as it will give tantalizing flavours and depth to any dish.
Kimchi-bokkeum-bap (kimchi fried rice) on p137
Kimchi-jeon (kimchi pancake) on p199

NABAK KIMCHI (WATER KIMCHI): With its refreshing broth, this kimchi will invigorate your taste buds. Perfect as a side dish or a light soup alongside rice dishes like bibimbap. For a quick but satisfying meal, simply cook up some noodles and enjoy them in the chilled broth.
Kimchimari guksu (water kimchi noodles) p155

BAEK KIMCHI (FEHÉR KIMCHI): a gochugaru (koreai vöröscsili-por) nélkül készült tiszta, frissítő kimchi sokoldalúan használható köretként, adhatjuk például koreai BBQ, jeon (palacsinta) és még sok más étel mellé is.

BAECHU KIMCHI (KÍNAI KELBŐL KÉSZÜLT, CSÍPŐS KIMCHI): A klasszikus, leggyakoribb kimchi, amelyet mindenki szeret. Egy jól erjesztett kimchi mellé nincs is szükség másra, csak egy tál rizsre. A már kellőképpen savanyú vagy érettebb kimchit használjuk főzéshez, mivel szenzációs ízeket és mélységet ad az ételeknek.
Kimchi-bokkeum-bap (kimchis sült rizs) a 138. oldalon
Kimchi-jeon (kimchis palacsinta) a 200. oldalon

NABAK KIMCHI („VIZES" KIMCHI): hosszú lével készülő savanyúság. Frissítő levével ez a kimchi felébreszti az ízlelőbimbóinkat. Tálaljuk köretként vagy jégbe hűtve, hideg levesként olyan rizs-ételekhez, mint a bibimbap. Egyszerű fogásként csak főzzünk mellé tésztát, és fogyasszuk el a hűtött levében.
Kimchimari guksu (kimchis tésztaleves) a 156. oldalon

백김치: 깔끔하고 시원한 맛이 일품인 백김치는 고춧가루가 들어가지 않아 맵지 않고, 고기구이나 전 등 다른 음식과 곁들이기 좋은 김치입니다.

배추김치: 누구나 좋아하는 간단하게 만드는 배추김치 레시피입니다. 잘 숙성된 김치가 있으면 다른 반찬도 필요 없다고 하는데요. 오래 숙성되어 신김치가 되면 음식에 넣었을 때 특유의 새콤한 맛과 깊은 감칠맛을 줄 수 있습니다.
김치 볶음밥 PG. 139
김치전 PG. 201

나박김치 : 시원한 국물이 입맛을 돋구어주는 나박김치는 반찬으로 내거나 비빔밥과 같은 한 그릇 음식에 국 대용으로도 좋습니다. 혹은 간단하게 국수만 삶아 시원한 나박김치 국물을 곁들인 심플한 한 끼를 즐겨보세요.
김치말이 국수 PG. 157

BAEK KIMCHI

WHITE KIMCHI

INGREDIENTS
for a 1.5-litre container

BRINING
1 head (1kg) Kimchi cabbage
(or napa cabbage/Chinese leaves)
0.7 litre water
½ cup coarse sea salt

FLOUR MIXTURE
1 tablespoon plain flour
½ cup water

FILLING
200g Korean radish *(substitute with kohlrabi or daikon)*, cut into thin matchsticks
20g carrot, cut into thin matchsticks
20g spring onion, cut into 3cm pieces
¼ red chilli pepper, deseeded and cut into thin strips
1 tablespoon minced garlic
½ teaspoon minced ginger
1 tablespoon coarse sea salt

KIMCHI BROTH
100g Korean pear *(or red apple - crisp & juicy variety)*, peeled, cored and diced
30g onion, diced
1¾ cup water
½ teaspoon salt

Place the cabbage root side up, leafy side down on a chopping board. Cut the cabbage halfway through and then tear the leafy side apart.

In a bowl, dissolve half the salt in water. Quickly soak and shake the halved cabbage in the salted water and place it in a separate bowl. Take half the remaining salt and sprinkle it towards the stem of the cabbage. Repeat for both sides of the cabbage.

Place the remaining salt on the stem side of the cabbage halves and place them 'inside' facing up. The two sides should be placed on top of each other. Place a heavy object (container filled with water) on top to weigh it down.

Turn the cabbage halves every hour and brine until the thickest part of the outer leaf can bend without breaking. This would usually take 3-4 hours in spring/autumn, 5-7 hours in winter and 2 hours in summer.
Rinse well under running water 2-3 times to wash away the remaining salt and any dirt. Drain the cabbage by putting it 'inside' facing down in a colander for 30 minutes. then gently squeeze out the excess water from the leaves.

Combine the flour and water in a small pan. Whisk until well incorporated. Bring to the boil over medium heat, slowly stirring. When it comes to the boil, turn down the heat to low and keep stirring for 2 minutes Turn off the heat and cover. Leave for 5 minutes. Uncover and allow to cool to room temperature.

Combine the radish, carrot, spring onion, chili pepper, minced garlic, minced ginger, salt and flour mixture in a bowl. Gently toss together.

Divide the filling in half. Place the cabbage in a bowl and stuff the cabbage layers with kimchi filling near the root and stems and repeat until all the layers are well filled. Repeat with the other cabbage half. Pack the kimchi tightly into a container or jar and put on the lid. Leave at room temperature for 1 day (or half a day in summer).

Blend the pear, onion, water and salt until smooth in a food blender. Pour into the kimchi container through a fine sieve. Press down to submerge the cabbage in liquid and close the lid. Leave at room temperature for another day (or half day in summer), then continue to ferment in the refrigerator for around 3-4 days. The kimchi can keep in the fridge for up to 3 months, but this type of kimchi tastes best when consumed within a month.

BAEK KIMCHI

FEHÉR KIMCHI

HOZZÁVALÓK
1,5 literes edényhez

BESÓZÁS
1 fej (1 kg) kínai kel
0,7 liter víz
½ csésze durva tengeri só

LISZTKEVERÉK
1 evőkanál finomliszt
½ csésze víz

TÖLTELÉK
200 g koreai retek *(helyettesíthető karalábéval vagy jégcsuprelekkel)*, vékony gyufaszálakra vágva
20 g sárgarépa, vékony gyufaszálakra vágva
20 g újhagyma, 3 cm-es darabokra vágva
¼ piros csilipaprika, kimagozva és vékonyan szeletelve
1 evőkanál finomra aprított fokhagyma
½ teáskanál finomra aprított gyömbér
1 evőkanál durva tengeri só

KIMCHIALAPLÉ
100 g koreai „nasi" körte *(vagy piros alma – ropogós és lédús fajta)*, hámozva, magház nélkül, darabokra vágva
30 g vöröshagyma, apróra vágva
1 ¾ csésze víz
½ teáskanál só

Vágjuk hosszában félbe a kínai kelt úgy, hogy először csak késsel bemetsszük a vastagabb, torzsás részt, majd kézzel kettéfeszítjük a kelt.
Egy tálban oldjuk fel a sómennyiség felét vízben. A felezett kínai kelt gyorsan merítsük bele, és rázzuk meg a sós vízben, majd tegyük egy külön tálba. Vegyük a maradék só felét, és szórjuk a káposzta levelei közé. Ismételjük meg ezt a káposzta mindkét felénél.
A maradék sót szórjuk a káposzta szárára, és tegyük a káposztákat egy tálba úgy, hogy a belső, vágott oldaluk felfelé nézzen. A két oldalt egymás tetejére kell helyeznünk. Helyezzünk rájuk egy nehéz tárgyat nehezéknek (vízzel teli edényt), hogy lenyomjuk.

Az oldalakat óránként forgassuk, és addig sózzuk, amíg a külső levél legvastagabb része meghajlik anélkül, hogy eltörne. Ez tavasszal/ősszel általában 3-4 órát, télen 5-7 órát, nyáron 2 órát vesz igénybe.
Öblítsük le folyó vízben 2-3 alkalommal, hogy kimossuk a maradék sót és a szennyeződéseket. A káposztát 30 percre a belső oldalával lefelé egy szűrőedénybe téve lecsepegtetjük, majd óvatosan kinyomkodjuk a felesleges vizet a levelekből.

Egy kis edényben keverjük össze a lisztet és a vizet egy habverővel, amíg sima masszát kapunk. Forraljuk fel közepes lángon, lassú kevergetés mellett. Amikor forr, vegyük le a hőfokot alacsony fokozatra, és keverjük tovább 2 percig. Kapcsoljuk le a tűzhelyet, és tegyünk az edényre egy fedőt. Hagyjuk állni 5 percig. Vegyük le a fedőt, és hagyjuk szoba-hőmérsékletűre hűlni.

Egy tálban keverjük össze a retket, a sárgarépát, az újhagymát, a csilipaprikát, a finomra aprított fokhagymát és a gyömbért, a sót és a lisztkeveréket. Óvatosan forgassuk össze őket.

Osszuk a zöldséges tölteléket ketté. Tegyük a káposztát egy tálba, és töltsük meg a káposztalevelek közötti rétegeket a töltelékkel a gyökér és a szárak közelében, ismételjük meg, amíg az összes réteg jól megtelik. Ismételjük meg a káposzta másik felével is. Egy edénybe vagy befőttesüvegbe tegyük szorosan a kimchit, és zárjuk le a fedelet. Hagyjuk állni egy napig (nyáron fél napig) szobahőmérsékleten.

Tegyük turmixgépbe a körtét, a vöröshagymát, a vizet, a sót, és pépesítsük simára. Finom szűrőn keresztül öntsük a kimchiüvegbe. Nyomjuk le, hogy a kínai kel elmerüljön a lében, és zárjuk le a fedelet. Hagyjuk állni még egy napig (nyáron fél napig) szobahőmérsékleten, majd a hűtőszekrényben körülbelül 3-4 napig erjedjen tovább. A kimchi akár 3 hónapig is eltartható a hűtőben, de ez a fajta kimchi akkor a legfinomabb, ha egy hónapon belül elfogyasztjuk.

백김치

재료
1.5리터 용기

절이기
알배기 배추 1포기 (약 1kg)
물 0.7리터
천일염 100g

김치풀
중력분 1큰술
물 125ml

속재료
무 (혹은 콜라비, 단무지 무) 채 썬 것 200g
당근 채 썬 것 20g
쪽파 20g (3cm 길이로 썰기)
홍고추 ¼ 개 (반으로 갈라 씨 세서 우 채 썰기)
다진 마늘 1큰술
소금 1큰술
다진 생강 ½ 작은술

김치 국물
배 100g (씨 제거 후 깍둑썰기)
양파 30g (깍둑썰기)
물 350ml
소금 ½ 작은술

배추는 밑동 부분부터 배추의 중간 부분까지 칼집을 넣고 반으로 쪼갠다.
볼에 천일염의 반을 물에 풀어준다. 반으로 쪼갠 배추를 소금물에 적신 후 다른 볼에 넣는다. 남아있는 천일염의 반을 줄기 사이사이에 뿌려준다. 나머지 배추 반쪽에도 반복한다.
볼에 배추의 안쪽이 위를 향할 수 있게 하여 포개어 넣고, 남은 소금을 줄기 부분에 뿌려준다. 배추가 떠오르지 않도록 무거운 것으로 눌러 놓고 절인다.

1시간마다 아래위를 바꿔주고 배추의 줄기가 구부려질 정도로 절여질 때까지 절인다.
봄/가을 기준 3~4시간, 겨울 기준 7시간, 여름 기준 2시간정도 소요된다.
흐르는 물에 2~3번 헹구어 배춧잎 사이에 껴있는 소금과 흙을 씻어낸다. 30분 정도 체에 엎어서 물기를 빼고 남아있는 물기는 살짝 짜준다.

작은 냄비에 밀가루와 물을 넣고 거품기로 잘 섞어준다. 중불로 천천히 저어가며 끓여준다. 끓기 시작하면 약불로 낮추고 2분간 계속 저어주며 끓인다. 불을 끄고 뚜껑을 닫아 5분간 뜸을 들인다. 뚜껑을 열어 실온 정도로 식힌다.

볼에 무, 당근, 쪽파, 고추, 다진 마늘, 다진 생강, 소금과 풀을 섞어준다.

김치소를 반으로 나누고 절인 배추의 줄기 사이사이에 김치소를 넣어준다. 김치통(혹은 유리병)에 완성한 김치를 차곡차곡 담고 뚜껑을 닫는다. 상온에 1일 (하절기에는 반나절) 둔다.

믹서에 배, 양파, 물, 소금을 넣고 곱게 간다. 김치통에 고운체를 받치고 건더기를 걸러서 넣는다. 배추가 떠 오르지 않도록 눌러주고 뚜껑을 닫는다. 상온에 1일 (여름에는 반나절)을 둔 후 냉장고에 넣어 3~4일 정도 익힌다. 냉장고에서 3개월 정도 보관 가능하지만, 백김치의 경우 1달 이내에 먹으면 가장 맛이 좋다.

WHICH HUNGARIAN WINE SHOULD I CHOOSE WITH IT?

When selecting a wine to pair with white kimchi you, we can head in two directions. The classic choice would be a fresh Olaszrizling or an excitingly mineral Juhfark from Somló. However, if you are open to a bit of playfulness, you should definitely try it with a sparkling off-dry Muscat, which enhances the fresh, spicy and fruity notes of the white kimchi beautifully.

MELYIK MAGYAR BORT VÁLASSZAM HOZZÁ?

Kétféle irányban is elindulhatunk, ha a fehér kimchihez választunk bort. A klasszikus választás egy friss Olaszrizling vagy egy izgalmasan ásványos Juhfark Somlóról. Azonban azok, akik nyitottak egy kis játékosságra, mindenképp próbálják ki egy gyöngyöző félszáraz muskotállyal is, ami szépen kiemeli a fehér kimchi friss fűszeres-gyümölcsös jegyeit.

어떤 헝가리 와인과 페어링하나요?

백김치와 어울리는 와인을 고를 때는 두 가지 방향을 생각해볼 수 있습니다. 클래식한 선택은 신선한 올라스리즐링 (Olaszrizling)이나 숌로(Somló) 지역의 매력적인 미네랄 특성이 돋보이는 유파르크(Juhfark)일 것입니다. 하지만 조금 더 재미있는 페어링을 원한다면, 세미드라이 모스카토(Muscat) 스파클링을 곁들여보세요. 백김치의 신선하고 살짝 매콤하며 프루티한 풍미를 더욱 돋보이게 해줍니다.

KIMCHI

INGREDIENTS
for a 1.5-litre container

BRINING

1 head *(1kg)* Kimchi cabbage
(or napa cabbage / Chinese leaves)
0.5 litre water
½ cup coarse sea salt
250g Korean radish *(substitute with kohlrabi
or daikon)*, cut into bite-sized pieces

FLOUR MIXTURE

1 tablespoon plain flour
½ cup water

YANGNYEOM (SEASONING)

50g Korean pear *(or red apple - crisp & juicy
variety)*, diced
30g onion, diced
5 tablespoons gochugaru
(Korean red chilli powder)
1½ tablespoon minced garlic
1 teaspoon minced ginger
3 tablespoons fish sauce

20g green onion, sliced
30g carrot, cut into matchsticks
½ cup water and ½ teaspoon salt for finishing

Cut the cabbage into bite-sized pieces by cutting the cabbage into quarters then crosswise. Dissolve the salt in water in a bowl. Add the chopped cabbage and toss well together. Place a heavy object on top to weigh it down.

Turn the cabbage over every 30 minutes and brine until the thickest white stem can be bent without breaking. This would usually take 1.5 hours during summer and up to 3 hours in winter. Add the Korean radish pieces and leave to brine for 10 minutes.
Rinse well under running water 2-3 times to wash away the remaining salt and any dirt. Drain the cabbage in a colander for around 10 minutes.

Combine the flour and water in a small pan. Whisk until well incorporated. Bring to the boil over medium heat while slowly stirring. When it has come to the boil, turn down the heat to low and keep stirring for 2 minutes. Turn off the heat and cover. Leave for 5 minutes. Uncover and leave to cool to room temperature.

In a food blender, add pear, onion and blend until smooth. Transfer to a big bowl and add the flour mixture, gochugaru, minced garlic, minced ginger and fish sauce.

Add the brined cabbage and radish to the bowl and toss well with the mixture. Make sure there is an even coating of seasoning. Then add the carrot and green onion and toss together gently.

Pack the kimchi tightly in a container or jar. Add ½ cup of water and ½ teaspoon salt to the bowl to rinse out every bit of seasoning left. Pour into the container and close. Leave at room temperature for 1 to 2 days (half a day in summer), then continue to ferment in the refrigerator for around 3-4 days. The kimchi can be kept in the fridge for up to 3 months.

KIMCHI

DARABOLT, CSÍPŐS KIMCHI

HOZZÁVALÓK
1,5 literes edényhez

BESÓZÁS
1 fej *(1 kg)* kínai kel
0,5 liter víz
½ csésze durva tengeri só
250 g koreai retek *(helyettesíthető karalábéval vagy jégcsapretekkel)*, falatnyi darabokra vágva.

LISZTKEVERÉK
1 evőkanál finomliszt
½ csésze víz

YANGNYEOM (FŰSZEREZÉS)
50 g koreai „nasi" körte *(vagy piros alma – ropogós és lédús fajta)*, darabokra vágva
30 g vöröshagyma, apróra vágva
5 evőkanál gochugaru *(koreai vöröscsili-por)*
1 ½ evőkanál finomra aprított fokhagyma
1 teáskanál finomra aprított gyömbér
3 evőkanál halszósz

20 g újhagyma, felszeletelve
30 g sárgarépa, gyufaszálakra vágva
½ csésze víz és ½ teáskanál só a befejezéshez

Vágjuk a kínai kelt falatnyi darabokra: először negyedekre, majd keresztben is vágjuk fel. Egy tálban oldjuk fel a sót a vízben. Adjuk hozzá a feldarabolt kínai kelt, és jól forgassuk össze. Helyezzünk rá egy nehéz tárgyat (vízzel teli edényt), hogy lenyomjuk.

30 percenként forgassuk át a káposztákat, és addig áztassuk, amíg a legvastagabb fehér szárat meg tudjuk hajlítani anélkül, hogy eltörne.

Ez nyáron általában 1,5 órát, télen akár 3 órát is igénybe vehet. Adjuk hozzá a koreai retekdarabokat, és hagyjuk őket még 10 percig a sós lében állni. Öblítsük le folyó vízzel 2-3 alkalommal, hogy a maradék sót és a szennyeződéseket lemossuk. A káposztát szűrőn keresztül körülbelül 10 percig csepegtessük le.

Egy kis edényben habverővel keverjük simára a lisztet és a vizet. Forraljuk fel közepes lángon, lassú kevergetés mellett. Amikor forr, vegyük le a hőfokot alacsony fokozatra, és 2 percig keverjük tovább. Kapcsoljuk le a tűzhelyet, és tegyünk az edényre egy fedőt. Hagyjuk állni 5 percig. Vegyük le a fedőt, és hagyjuk szoba-hőmérsékletűre hűlni.

Tegyük bele egy turmixgépbe a körtét, a vöröshagymát, és turmixoljuk simára. Öntsük át egy nagy tálba, és adjuk hozzá a lisztkeveréket, a gochugarut, a felaprított fokhagymát, a felaprított gyömbért és a halszószt.

Tegyük a tálba az elősózott, beáztatott káposztát és a retket, és jól forgassuk össze a keverékkel. Győződjünk meg róla, hogy a fűszerek egyenletesen bevonják. Ezután adjuk hozzá a sárgarépát és az újhagymát, majd enyhén forgassuk össze őket.

Egy edénybe vagy befőttesüvegbe tegyük szorosan a kimchit. Adjunk hozzá ½ csésze vizet és ½ teáskanál sót a tálba, hogy minden maradék fűszert leöblítsünk. Öntsük az üvegbe, és zárjuk le a fedelet. Hagyjuk állni 1-2 napig (nyáron fél napig) szobahőmérsékleten, majd a hűtőszekrényben kb. 3-4 napig erjed tovább. A kimchi akár 3 hónapig is eltartható a hűtőben.

배추김치

재료
1.5리터 용기

절이기
알배기 배추 1포기 (약 1kg)
물 0.5리터
천일염 100g
무(혹은 콜라비, 단무지 무) 나박썬 것 250g

김치풀
중력분 1큰술
물 125ml

양념
배 50g (씨 제거 후 깍둑썰기)
양파 30g (깍둑썰기)
고춧가루 5큰술
다진 마늘 1 ½큰술
다진 생강 1작은술
멸치액젓 3큰술

파 송송 썬 것 20g
당근 채 썬 것 30g
물 125ml와 소금 ½작은술

배추를 4등분 한 후에 가로로 썰어 한입 크기로 썬다. 볼에 소금과 물을 넣은 후 잘 저어 소금을 녹인다. 썰어둔 배추를 넣어 섞은 뒤 잘 절여지도록 무거운 것 (물을 채운 용기 등)을 올려 눌러준다.

30분마다 위아래를 뒤집어서 골고루 절여지게 한다. 굵은 줄기 부분이 부러지지 않고 절여지면 된다. 여름에는 1.5시간 정도 걸리고 겨울에는 3시간까지 절여야 한다. 썰어둔 무를 넣어 10분 더 절인다.
흐르는 물에 2~3번 헹궈 남아있는 소금과 불순물을 제거한다. 10분 정도 체에 밭쳐 물기를 뺀다.

작은 냄비에 밀가루와 물을 넣고 거품기로 잘 저어준다. 중불에서 천천히 저어가며 끓인다. 끓기 시작하면 약불로 줄이고 2분 동안 더 저어준다. 불을 끄고 나서 뚜껑을 덮어 5분간 뜸들인다. 뚜껑을 열고 상온으로 식힌다.

믹서기에 배와 양파를 넣고 잘 갈아준다. 볼에 부어낸 후 김치풀, 고춧가루, 다진 마늘, 다진 생강, 액젓을 함께 섞는다.

절인 배추와 무를 양념과 골고루 버무린다. 당근, 쪽파를 넣고 살살 버무린다.

김치통에 김치를 차곡차곡 넣는다. 물 ½컵과 소금 ½작은술을 김치를 무쳤던 볼에 넣어 남아있는 양념을 모두 헹궈낸다. 김치통에 국물을 부은 후 뚜껑을 닫는다. 상온에 1일 (여름에는 반나절)을 둔 후 냉장고에 넣어 3~4일 정도 익힌다. 냉장고에서 3개월 이상 보관 가능하지만 썰어서 담은 김치의 경우 3달 이내에 먹으면 가장 맛이 좋다.

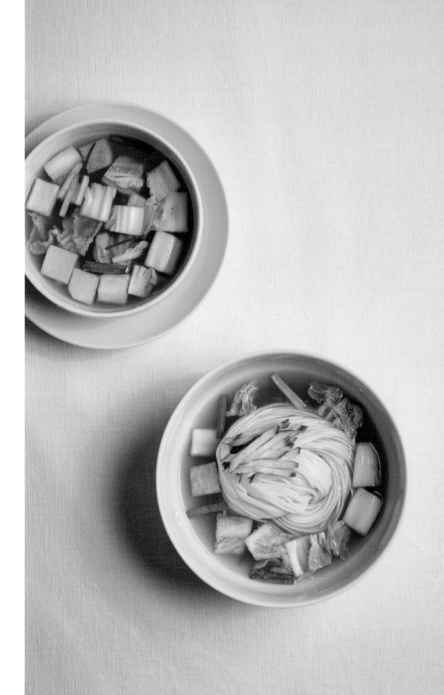

NABAK KIMCHI

WATER KIMCHI

INGREDIENTS
for a 2-litre container

15g sea salt
0.4 litre water
400g inner yellow leaves of Kimchi cabbage
(or napa cabbage / Chinese leaves)
300g Korean radish
(substitute with kohlrabi or daikon)
30g spring onion
1 red chilli pepper

GOCHUGARU MIXTURE
2 tablespoons gochugaru
(Korean red chilli powder)
0.2 litre water

KIMCHI BROTH
200g Korean pear *(or red apple - crisp & juicy variety)*, peeled, cored and diced
50g onion, diced
30g garlic, crushed
10g ginger, sliced
0.8 litre water

Cut the cabbage leaves and radish into thin bite-sized pieces. In a container, combine 15g of sea salt with 0.4 litre of water to make a brine. Stir to fully dissolve the salt. Toss with the cabbage and radish and leave to brine for 30 minutes.

Cut the spring onion into 3cm lengths. Halve the red chilli pepper lengthways and scrape out the seeds. Cut into thin 3cm strips.

Mix the gochugaru (Korean chilli pepper powder) with 0.2 litre of water. Let the gochugaru soak for around 30 minutes.

Blend the pear and onion until smooth in a food blender. Add the garlic and ginger and pulse the blender around 10 times to roughly chop the garlic and ginger.
Add 0.8 litre of water and pour into the container with the cabbage and radish using a fine sieve. Then sieve in the gochugaru mixture. Add the spring onion and red chilli pepper and stir to mix well.

Close and leave at room temperature for a day (half a day in summer) to start fermenting. Continue to ferment in the fridge for 3-4 days before serving. This type of kimchi tastes best when consumed within 2-3 weeks, but keeps for up to 2 months.

NABAK KIMCHI

HOSSZÚ LEVES, „VIZES" KIMCHI

15 g tengeri só
0,4 liter víz
400 g kínai kell zsenge levelei
300 g koreai retek
(helyettesíthető karalábéval vagy jégcsapretekkel)
30 g újhagyma
1 piros csilipaprika

GOCHUGARUKEVERÉK

2 evőkanál gochugaru (koreai vöröscsili-por)
0,2 liter víz

KIMCHIALAPLÉ

200 g koreai „nasi" körte (vagy piros alma –
ropogós és lédús fajta), hámozva, magház nélkül,
darabokra vágva
50 g vöröshagyma, apróra vágva
30 g fokhagyma, összenyomva
10 g gyömbér, szeletelve
0,8 liter víz

Vágjuk a kínai kel leveleit és a retket vékony, falatnyi darabokra. Egy edénybe tegyünk 15 g tengeri sót 0,4 liter vízzel. Keverjük össze, hogy a só teljesen feloldódjon. Tegyük bele a kínai kelt és a retket, és hagyjuk 30 percig állni a sós lében.

Vágjuk az újhagymát 3 cm-es darabokra. Vágjuk félbe hosszában a piros csilipaprikát, és kaparjuk ki a magokat. Vágjuk fel vékony, 3 cm-es csíkokra.

Keverjük össze a gochugarut (koreai vöröscsili-por) 0,2 liter vízzel. Hagyjuk a gochugarut körülbelül 30 percig ázni.

Tegyük egy turmixgépbe a körtét és a vöröshagymát, turmixoljuk simára. Adjuk hozzá a fokhagymát és a gyömbért, és körülbelül 10 alkalommal pulzáljuk a turmixgépet, hogy a fokhagymát és a gyömbért durvára aprítsuk. Adjunk hozzá 0,8 liter vizet, és finom szűrőn keresztül öntsük a káposztával és a retekkel teli edénybe. Ezután szűrjük bele a gochugarukeveréket. Adjuk hozzá az újhagymát és a piros csilipaprikát, és keverjük jól össze.

Tegyünk rá egy fedőt, és hagyjuk egy napig (nyáron fél napig) szobahőmérsékleten állni, hogy az erjedés beinduljon. Tálalás előtt 3-4 napig a hűtőszekrényben erjedjen tovább. Ez a fajta kimchi akkor a legfinomabb, ha 2-3 héten belül elfogyasztjuk, de akár 2 hónapig is eltartható.

나박김치

재료
2리터 용기

천일염 15g
물 0.4리터
배추속대 400g
무 (혹은 콜라비, 단무지 무) 300g
쪽파 30g
홍고추 1개

불린 고춧가루
고춧가루 2큰술
물 0.2리터

김치 국물
배 200g (씨 제거 후 깍둑썰기)
양파 50g (깍둑썰기)
마늘 30g (살짝 으깨기)
생강 10g (얇게 썰기)
물 0.8리터

배추와 무는 한입 크기로 납작하게 썬다. 김치통에 천일염 15g과 물 0.4리터를 풀어 소금물을 만든다. 썰어둔 배추와 무를 넣고 섞은 후 30분간 절여준다.

쪽파를 3cm 길이로 썰어주고 홍고추는 반으로 가른 후 씨를 제거해 준다. 3cm 길이로 채 썬다.

고춧가루와 물 0.2리터를 섞고 30분 동안 불린다.

믹서에 배와 양파를 넣고 곱게 갈아준다. 마늘과 생강을 넣고 순간작동 모드를 10번 정도 짧게 눌러 굵게 갈아준다.
고운체에 걸러 김치통에 넣어주고 물 0.8리터도 함께 넣어준다. 불린 고춧가루도 고운체에 걸러 넣는다. 쪽파와 홍고추를 넣고 잘 섞어준다.

뚜껑을 닫고 실온에서 하루 정도 (하절기에는 반나절) 정도 익혀준다. 냉장고에 넣어 3~4일 더 숙성 후 먹는다. 나박김치의 경우 2~3주 안에 먹었을 때 가장 맛이 좋지만, 두 달까지 보관 가능하다.

DESSERT

Whether it is Yakgwa, a layered, flaky pastry reminiscent of mille-feuille often prepared for banquets held at the palace, or Hotteok, fried pancakes filled with cinnamon cream, you will find sizzling at street vendors, good desserts are the perfect way to finish a meal with your guests. Paired with late harvest or Aszú wines from the Tokaj region, these characteristic Korean desserts will shine even more!

DESSZERTEK

Legyen szó akár a Yakgwáról, a mille-feuille-re emlékeztető lemezes, omlós süteményről, amelyet gyakran készítettek a palotában tartott bankettekhez, vagy a Hotteokról, az utcai árusoknál kínált fahéjas krémmel töltött sült palacsintáról, a finom desszertek mindig tökéletes befejezést nyújtanak a vendégekkel közös étkezéseink végén.
A tokaji régióból származó késői szüretelésű vagy aszúborok párosításával még inkább ragyogóbbá tehetjük ezeket a jellegzetes koreai desszerteket!

디저트

궁중 연회나 제례 때 상에 올리던 파삭한 결이 살아있는 약과든, 추억의 길거리 간식인 계피 시럽 달달한 호떡이든 달콤한 디저트는 식사의 화룡점정이라고 할 수 있습니다. 토카이 지방의 레이트 하베스트 와인이나 세계적으로도 유명한 아수 와인과 함께라면 대표적인 한식 디저트를 더욱 더 빛내줄거예요.

YAKGWA

FLAKY HONEY PASTRIES

INGREDIENTS ����

1½ cup plain flour
½ teaspoon fine salt
⅛ teaspoon ground black pepper
3½ tablespoons sesame oil

LIQUID FOR THE PASTRY

2½ tablespoons runny honey
3 tablespoons soju
(Korean spirit, 18-20% abv)

JIPCHEONG
(SOAKING SYRUP)

1 cup jocheong *(rice syrup)*
2 tablespoons water
1 slice ginger
1 small piece of cassia cinnamon bark
a small pinch of salt
¼ cup honey

FOR FRYING

1-1.5 litre vegetable oil for frying

TO GARNISH

1 tablespoon toasted pine nuts,
roughly chopped
1 teaspoon each of
sunflower & pumpkin seeds

Combine the flour, salt, black pepper and sesame oil in a bowl. Mix well with your hands and sift through a fine sieve.

In a small bowl, combine the honey and soju to make a 'liquid for the pastry'. Mix well until well incorporated. Add to the dry ingredients and fold in using a spatula. Once uniform, transfer the pastry to a flat surface. Using your hands, form it into one piece (rectangular shape of 10x7x3cm) without kneading.
Cut the pastry in half and combine the two pieces by putting one on top of the other. Press down with your hands and repeat the step twice. This is the process to make thin flaky layers in the pastry. Roll out the pastry until it's 0.8cm thick. Cut into 3x3cm squares and prick their centres with a toothpick/fork to make sure the pastry cooks through totally.

Combine the jocheong (rice syrup), water, ginger, cassia cinnamon bark and salt in a small pan. Bring to the boil and simmer for 5 minutes. Add the honey and leave to cool to room temperature.

Heat the frying oil to 110°C and add the pastry squares. Fry until the pastry squares float to the surface and start turning them to ensure they fry evenly. This step is to form the layers and takes around 10-15 minutes. Make sure the oil stays at around 100 to 110°C.
Increase the temperature to 150-160°C and fry until golden brown. Put the fried pastry squares on kitchen paper to drain the oil.

Add the fried pastry squares to the syrup and leave for around 2 hours. Drain on a cooling rack.

Garnish with pine nuts, sunflower seeds, or pumpkin seeds.

YAKGWA

OMLÓS, MÉZES SÜTEMÉNY

HOZZÁVALÓK 유유유유

1 ½ csésze finomliszt
½ teáskanál finom só
⅛ teáskanál őrölt fekete bors
3 ½ evőkanál szezámolaj

TÉSZTÁHOZ VALÓ FOLYADÉK

2 ½ evőkanál méz
3 evőkanál soju (koreai szeszes ital,
18-20% alkoholtartalom)

JIPCHEONG
(ÁZTATÓSZIRUP)

1 csésze jocheong (rizsszirup)
2 evőkanál víz
1 szelet gyömbér
1 kis darab kasszia fahéj
egy csipetnyi só
¼ csésze méz

A SÜTÉSHEZ

1-1,5 liter növényi olaj a sütéshez

A DÍSZÍTÉSHEZ

1 evőkanál pörkölt fenyőmag, durvára vágva
1 teáskanálnyi napraforgó- és tökmag

Egy tálban keverjük össze a lisztet, a sót, a fekete borsot és a szezámolajat. Kézzel jól keverjük össze, majd szitáljuk át egy finom szitán.

Egy kis tálban keverjük össze a mézet és a sojut, hogy elkészítsük a „tésztához való folyadékot". Keverjük jól össze, amíg teljesen homogén lesz. Adjuk hozzá a száraz hozzávalókhoz, és egy spatula segítségével forgassuk össze. Ha egyneművé vált, tegyük át a tésztát egy sík felületre. A kezünkkel, gyúrás nélkül formáljuk egy darabbá (10x7x3 cm-es téglalap alakban).

Vágjuk a tésztát ketté, és a két darabot egyesítsük úgy, hogy az egyiket a másikra tesszük. Nyomjuk le a kezünkkel, és ismételjük meg a lépést 2 alkalommal. Ezzel a művelettel vékony, lemezes rétegeket kapunk a süteményben. Nyújtsuk ki a tésztát 0,8 cm vastagságúra. Vágjuk négyzet alakúra (3x3 cm) és szurkáljuk meg a közepét egy fogpiszkálóval/villával, hogy a tészta majd teljesen átsüljön.

Egy kis edényben keverjük össze a jocheongot (rizsszirupot), a vizet, a gyömbért, a kasszia fahéjat és a sót. Forraljuk fel, és hagyjuk lassú tűzön főni 5 percig. Adjuk hozzá a mézet, és hagyjuk szobahőmérsékletűre hűlni.

Melegítsük fel a sütőolajat 110 °C-ra, és tegyük bele a megformázott tésztát. Addig süssük, amíg a tészta fel nem úszik az olaj tetejére, ekkor kezdjük el forgatni, hogy egyenletesen süljön. Ez a lépés a rétegek kialakítására szolgál, és körülbelül 10-15 percig tart. Ügyeljünk arra, hogy az olaj 100-110 °C körül maradjon. Emeljük a hőmérsékletet 150-160 °C-ra, és süssük aranybarnára. A megsült tésztát tegyük papírtörlőre, hogy lecsepegjen az olaj.

Tegyük a sült tésztát a szirupba, és hagyjuk állni körülbelül 2 órán keresztül. Csepegtessük le egy rácson.

Díszítsük fenyőmaggal, napraforgómaggal vagy tökmaggal.

약과

재료
2리터 용기

중력분 200g
고운소금 ½작은술
후춧가루 ⅛작은술
참기름 3½큰술

반죽용 시럽
꿀 2 ½큰술
소주 3큰술

집청 시럽
조청 360g
물 2큰술
생강 1쪽
계피 1조각
소금 한 꼬집
꿀 85g

튀김유
식용유 1-1.5리터

고명
구운 잣 1큰술, 굵게 다진 것
해바라기씨, 호박씨 1작은술 씩

볼에 밀가루, 소금, 후춧가루, 참기름을 넣어 골고루 섞은 후 구운 체에 내린다.

작은 볼에 꿀과 소주를 섞어 '반죽용 시럽'을 만든다. 참기름을 섞어둔 밀가루에 반죽용 시럽을 넣어 한 덩어리가 되도록 주걱으로 섞는다. 작업대(혹은 도마)에 반죽을 옮겨 10x7x3cm 사각형으로 뭉쳐준다.
반죽을 반으로 잘라 아래위로 겹친 후 눌러서 한 덩어리를 만든다. 이 작업을 두 번 반복한다. 이렇게 잘라서 겹치는 과정을 통해 약과에 결이 만들어진다. 반죽을 0.8cm 두께로 밀고 3x3cm 정도의 사각형으로 자른다. 각 사각형의 중앙을 포크나 이쑤시개로 찔러 약과가 속까지 잘 익게 한다.

작은 냄비에 조청, 물, 생강, 계피, 소금을 넣어 끓인다. 끓기 시작하면 불을 약불로 줄여 5분 동안 끓인다. 꿀을 넣고 상온으로 식힌다.

식용유를 110℃로 가열한 후 성형한 약과를 넣는다. 약과가 기름 위로 떠 오르면 위아래로 뒤집어 켜가 일어나도록 튀긴다. 기름이 100~110℃로 유지되도록 계속 확인하며 10-15분 정도 튀겨 켜가 잘 일어나도록 한다. 기름 온도를 150~160℃로 올린 후 노릇한 갈색이 나도록 튀긴다. 건진 후 키친타올에 올려 기름기를 뺀다.

튀겨낸 약과를 집청 시럽에 넣어 2시간 정도 담가 놓은 후 건진다.

다진 잣이나 해바라기씨, 호박씨로 고명을 올린다.

WHICH HUNGARIAN WINE SHOULD I CHOOSE WITH IT?

There couldn't be a more perfect pairing for yakgwa than late harvest wines from Tokaj. The honeyed, fruity flavours of these wines wonderfully enhance the sweetness and delicate spiced character of the yakgwa, while the fine minerality beautifully complements the distinctive aromas of the sesame oil.

MELYIK MAGYAR BORT VÁLASSZAM HOZZÁ?

A yakgwa mellé el sem lehetne képzelni tökéletesebb párosítást a késői szüretelésű tokaji boroknál. A késői szüretelésű tokaji borok mézes gyümölcsös ízvilága csodálatosan kiemeli a yakgwa édességét és finom fűszeres karakterét, a finom ásványosság pedig remekül kiegészíti a szezámolaj jellegzetes aromatikáját.

어떤 헝가리 와인과 페어링하나요?

약과와 토카이(Tokaj)의 레이트 하비스트(Late Harvest) 와인은 최고의 조합이라고 할 수 있습니다. 이 와인의 꿀과 과실의 풍미가 약과의 달콤함과 은은한 향신료 맛을 더욱 풍부하게 해주며 섬세한 미네랄감이 참기름의 고소한 향과 절묘하게 어우러집니다.

HOTTEOK

SWEET PANCAKES WITH NUT AND CINNAMON FILLING

INGREDIENTS ♙♙♙♙
makes around 8-9 Hotteok,
10cm in diameter

DOUGH
½ cup lukewarm *(around 36-40°C)* water
1½ teaspoon *(4g)* dried yeast
½ cup milk
2 tablespoons sugar
2 tablespoons vegetable oil
1 tablespoon melted butter
2 cups plain flour
¾ cup glutinous rice flour
1 teaspoon salt

SWEET FILLING
1 cup dark caster sugar
1 teaspoon ground cinnamon
1 teaspoon plain flour
½ cup chopped mixed nuts *(sunflower seeds, pumpkin seeds, walnuts, etc.)*

TO FRY
2 tablespoons vegetable oil
1 tablespoon butter

Combine the lukewarm water, dried yeast and sugar in a bowl. Stir until the sugar and yeast have dissolved. Cover and leave for 5-10 minutes until it begins to froth. Add the milk, vegetable oil and melted butter.

In a separate bowl, mix the plain flour, glutinous rice flour and salt. Make a deep well in the middle and pour the liquid mixture into the well. Mix with a spatula, then knead with your hands for around 10 minutes until uniform. Cover with cling film and leave for around 30-40 minutes until it has doubled in size.

To make the sweet filling, mix the dark caster sugar, ground cinnamon, plain flour and chopped nuts together in a bowl.

Heat a frying pan over low heat and coat with cooking oil. Before working with the dough, lightly coat a flat spatula and your hands with vegetable oil. Divide the dough into 8-9 equal parts. Place one in your palm and flatten it with both hands. Place 1½ tablespoon of sweet filling mixture in the middle and fold the four corners of the dough into the centre and pinch together to seal well.

Place the dough in the hot pan and flatten with a flat spatula. Fry until golden, turning and rotating them to ensure an even colour. Before removing from the pan, finish with a smear of butter to add some more buttery flavour.

Serve hot.

HOTTEOK

ÉDES PALACSINTA DIÓFÉLÉKKEL ÉS FAHÉJAS TÖLTELÉKKEL

HOZZÁVALÓK 유유유유
kb. 8-9 darab,
10 cm átmérőjű palacsinta

TÉSZTA
½ csésze langyos *(kb. 36-40 °C)* víz
1½ teáskanál *(4 g)* szárított élesztőpor
½ csésze tej
2 evőkanál cukor
2 evőkanál növényi olaj
1 evőkanál olvasztott vaj
2 csésze finomliszt
¾ csésze ragacsos rizsliszt
1 teáskanál só

ÉDES TÖLTELÉK
1 csésze barna cukor
1 teáskanál őrölt fahéj
1 teáskanál finomliszt
½ csésze apróra vágott vegyes diófélék
(napraforgómag, tökmag, dió stb.)

A SÜTÉSHEZ
2 evőkanál növényi olaj
1 evőkanál vaj

Keverjük össze a langyos vizet, a szárított élesztőport és a cukrot egy tálban. Keverjük, amíg a cukor és az élesztő feloldódik. Fedjük le, és hagyjuk állni 5-10 percig, amíg elkezd felfutni. Adjuk hozzá a tejet, a növényi olajat és az olvasztott vajat.

Egy külön tálban keverjük össze a finomlisztet, a ragacsos rizslisztet és a sót. Készítsünk egy mélyedést a közepébe, és öntsük bele a folyékony keveréket. Keverjük össze egy spatulával, majd gyúrjuk a kezünkkel körülbelül 10 percig, amíg egyneművé válik. Fedjük le egy fóliával, és hagyjuk állni kb. 30-40 percig, amíg a duplájára dagad.

Egy tálban keverjük össze a barna cukrot, az őrölt fahéjat, a finomlisztet és az apróra vágott dióféléket az édes töltelékhez.

Melegítsünk fel egy serpenyőt alacsony hőfokon, és kenjük meg étolajjal.
Mielőtt a tésztával dolgoznánk, egy lapos spatulát és a kezünket enyhén kenjük meg növényi olajjal. A tésztát 8-9 egyenlő részre porciózzuk. Az egyiket tegyük a tenyerünkbe, és mindkét kezünkkel lapítsuk el. Tegyünk 1½ evőkanálnyi édes töltelékét a közepébe, majd hajtsuk a tészta négy sarkát a közepére, és csípjük össze, hogy jól záródjon.

Helyezzük a tésztát a felforrósított serpenyőre, és egy spatulával lapítsuk el. Süssük aranybarnára a serpenyőben, miközben megfordítjuk és forgatjuk őket, hogy egyenletes színt kapjanak. Mielőtt kivesszük a serpenyőből, befejezésül kenjük meg egy kanálnyi vajjal, hogy még teltebb legyen az íze.

Tálaljuk melegen.

호떡

재료 ⅄⅄⅄⅄
호떡 8~9개 분량

반죽
미지근한(36~40℃ 정도) 물 125ml
드라이 이스트 1½ 작은술 (4g)
우유 125ml
설탕 2큰술
식용유 2큰술
녹인 버터 1큰술
중력분 250g
찹쌀가루 100g
소금 1작은술

호떡 소
흑설탕 200g
계핏가루 1작은술
중력분 1작은술
다진 견과류(해바라기씨, 호박씨, 호두 등) 80g

기름
식용유 2큰술
버터 1큰술

볼에 미지근한 물, 드라이 이스트, 설탕을 넣고 설탕과 이스트가 잘 풀어질 때까지 섞는다. 뚜껑(혹은 랩)을 덮은 후 5-10분간 발효시킨다. 우유, 식용유, 녹인 버터를 섞는다.

다른 볼에 밀가루, 찹쌀가루, 소금을 섞고 가운데를 손가락으로 우물같이 구멍을 판 후 섞어뒀던 액체 재료를 넣는다. 주걱으로 잘 섞은 뒤 손으로 10분간 주물러 반죽한다. 랩을 씌운 뒤 반죽의 크기가 두 배로 부풀 때까지 30~40분 정도 발효시킨다.

흑설탕, 계핏가루, 밀가루, 다진 견과류를 섞어 호떡 소를 만든다.

팬을 약불에 달군 후 식용유를 두른다.
반죽을 만지기 전에 뒤집개와 양손에 식용유를 바른다. 반죽을 8~9등분한 후 반죽 하나를 손바닥에 올린 후 양손을 이용하여 납작하게 펼친다. 펼쳐진 반죽에 호떡 소 1½큰술을 넣은 후 모서리를 당겨 접어 오므린다.

팬에 호떡 소를 넣은 반죽을 넣고 주걱으로 납작하게 누른다. 위아래로 뒤집어 노릇할 때까지 지져낸다. 마지막에 버터를 넣어 버터 향을 입혀준다.

따뜻할 때 먹어야 가장 맛있다.

WHICH HUNGARIAN WINE SHOULD I CHOOSE WITH IT?

The soft interior and crispy exterior texture of hotteok, along with its sweet spiciness and delicate yeasty notes, harmonize particularly well with Tokaji Sweet Szamorodni wines. This sweet Tokaji specialty elevates the dessert to a new dimension, together creating a unique and complex flavour experience.

MELYIK MAGYAR BORT VÁLASSZAM HOZZÁ?

A hotteok belül puha és kívül ropogós textúrája, édes fűszeressége és finom élesztőssége különösen harmonikus a tokaji Édes Szamorodni borokkal. Ez a tokaji édes borkülönlegesség egy új dimenzióba repíti a desszertünket, és együtt egy semmihez sem fogható, komplex ízélményt alkotnak.

어떤 헝가리 와인과 페어링하나요?

겉은 바삭하고 속은 촉촉하면서 달콤하고 스파이시한 맛과 섬세한 효모 풍미가 매력적인 호떡은 토카이 에데스 사모로드니 와인(Tokaji Édes Szamorodni)과 특히 잘 어울립니다. 이 달콤한 토카이 와인은 디저트로서의 호떡을 새로운 차원으로 끌어올리며 독특하고 복합적인 풍미 경험을 선사합니다.

ABOUT
TRADITIONAL
KOREAN ALCOHOL

A TRADICIONÁLIS
KOREAI
ALKOHOLOS
ITALOKRÓL

한국의 전통주를
소개합니다

Korean culinary traditions have evolved around rice and this extends to alcoholic beverages as well. On special occasions, rice is used to make tteok (rice cakes) to mark significant life events. Sool (traditional Korean alcohol) has long been brewed for rites and to honour elders and guests. In Korean food culture, there's a tradition of enjoying meals alongside alcohol, known as the "banju" culture. And anju—dishes specifically paired with alcohol—have evolved over time. Earlier in this book, we explored these anju dishes and how they complement Hungarian wines.

Traditional Korean alcohol is primarily made from rice (and occasionally other grains), nuruk (a fermentation starter) and water. Nuruk is a wild fermented, grain-based starter that contains enzymes to break down rice starch into sugar, wild yeast to convert sugar into alcohol and lactic acid bacteria that create distinguished flavours.

Unlike wine, which must be produced shortly after the grapes are harvested, rice, being a dry ingredient, can be stored all-year-round. This allows traditional Korean alcohol to be made throughout the year, using different techniques and incorporating various seasonal ingredients like flowers and medicinal herbs.

Traditional Korean alcohol is categorized into three main types: cheongju (clear rice wine), takju (unfiltered rice wine) and soju (distilled rice spirit). The brewing process begins by fermenting cooked rice, nuruk (starter) and water together. If the mixture is filtered, it becomes cheongju (clear rice wine). If the residue remains, it's classified as takju (unfiltered rice wine). Distilling either cheongju or takju produces soju, a high alcohol spirit.

CHEONGJU (CLEAR RICE WINE)
Cheongju is clear with a lemon-gold hue. It boasts a complex flavour profile and delicate aromas, including fruity and floral notes. Cheongju is categorized based on how many times the rice, yeast and water are fermented together: danyangju (single-brewed), iyangju (double-brewed) and samyangju (triple-brewed). The latter two tend to have more refined and elegant flavour notes compared to danyangju.

TAKJU (UNFILTERED RICE WINE)
Takju, best known in the form of makgeolli – light and fizzy unfiltered rice wine, offers a rich and refreshing taste along with the flavour of cheongju. Historically, it has been consumed to quench thirst during farming activities.

SOJU (DISTILLED RICE SPIRIT)
Soju is distinguished by its unique flavour, derived from rice and nuruk (starter), setting it apart from other spirits. Today, there are two main types: "distilled soju," made using traditional methods, and "diluted soju," commonly found in green bottles at supermarkets. Diluted soju is made by adding sweeteners to pure alcohol derived from fermenting starch from cheaper ingredients, such as cassava. For those seeking the authentic taste of traditional soju, artisanal premium brands like Hwayo are recommended.

A koreai ételkultúra a rizs köré épült és fejlődött. A rizs a koreaiak alapvető élelmiszere. Különleges alkalmakkor „tteok"-ot (rizsnudlit) készítenek, hogy megünnepeljék a család kisebb-nagyobb eseményeit. A „sool"-t (koreai hagyományos alkoholos ital) hosszú ideje használják rituálékra, valamint az idősek és vendégek tiszteletére. A koreai étkezési kultúrában a „banju" kifejezetten azt a hagyományt jelenti, amikor az alkohol az étkezés szerves része. Az „anju"-k pedig azok az ételek, amelyeket kifejezetten az alkoholos italok mellé párosítanak. Könyvünkben erről is esik szó, megvizsgáljuk az anju ételeket és azt is, hogyan egészítik ki a magyar borokat.

A koreai hagyományos alkoholokat elsősorban rizsből (és időnként más gabonafélékből), nurukból (erjesztőkultúra) és vízből készítik. A rizs feldolgozási módja, a nuruk típusa, az évszak, az erjesztési módszerek, valamint a hozzáadott összetevők alapján több mint 1000 különböző készítési mód létezik. A nuruk egy vadélesztős gabonaalapú kultúra, amely olyan enzimeket tartalmaz, amelyek a rizs keményítőjét cukorrá bontják, olyan vadélesztőt, amely a cukrot alkohollá alakítja, és olyan tejsavbaktériumokat, amelyek egyedi ízeket hoznak létre.

Ellentétben a borral, amelyet a szőlő szüretelése után azonnal el kell készíteni, a rizs egy száraz alapanyag, ami egész évben tárolható. Ennek köszönhetően a koreai hagyományos alkoholos italok az év bármely szakában elkészíthetőek, és ez lehetőséget ad arra is, hogy különböző technikákkal és szezonális összetevőkkel, mint például virágokkal és gyógynövényekkel tegyék változatossá.

A koreai hagyományos alkoholos italokat három fő típusba sorolják: cheongju (tiszta rizsbor), takju (szűretlen rizsbor) és soju (rizspárlat). A készítés folyamata a főtt rizs, a nuruk (erjesztőkultúra) és a víz együttes erjesztésével kezdődik. Ha az elkészült italt leszűrik, akkor cheongju (tiszta rizsbor) lesz belőle. Ha a finomseprővel együtt palackozzák, akkor takju (szűretlen rizsbor) lesz. A cheongju vagy takju lepárlásával pedig sojut, vagyis rizspárlatot készítenek.

CHEONGJU (TISZTA RIZSBOR)

A cheongju tiszta, citrom-arany színű rizsbor. Komplex, nem túl intenzív, de finom aromatika jellemzi gyümölcsös-virágos jegyekkel. A cheongjut az alapján kategorizálják, hogy hányszor fermentálják együtt a rizst, az élesztőt és a vizet. Ennek megfelelően találkozhatunk danyangju (egyszer erjesztett), iyangju (kétszer erjesztett) és samyangju (háromszor erjesztett) cheongjuval is. Az utóbbi kettő általában kifinomultabb és elegánsabb ízjegyekkel rendelkezik a danyangjunál.

TAKJU (SZŰRETLEN RIZSBOR)

A takju leginkább makgeolli (könnyű, habzó, szűretlen rizsbor) formájában ismert. Az íze hasonló a cheongjuhoz, de annál gazdagabb. Különösen kedvelt szomjoltó volt a mezőgazdasági munkák során a magyar fröccshöz hasonlóan.

SOJU (RIZSPÁRLAT)

A sojut a többi szeszes italtól az egyedi íze különbözteti meg, ami a rizsnek és a nuruknak (erjesztő-kultúra) köszönhető. Napjainkban két fő típusa létezik: a valódi „sojupárlat", amely hagyományos erjesztéssel és lepárlással készül, és a „hígított soju", amelyet gyakran zöld üvegekben találunk a szupermarketek polcain. A hígított soju tiszta alkoholból készül, amelyet olcsóbb alapanyagok, például a maniója keményítőjének erjesztésével nyernek, majd édesítőszereket adnak hozzá. Azok számára, akik a hagyományos soju autentikus ízét keresik, azoknak a kézműves prémium márkákat, például a Hwayót ajánljuk.

한국의 식문화는 쌀을 중심으로 발전해왔습니다. 쌀은 한국인의 주식입니다. 특별한 날에는 떡을 만들어 집안의 크고 작은 일을 기념하고 술을 빚어 조상에게 제사를 지냈죠. 또, 부모와 노인에게는 공경의 마음을 담아 손님에게는 환대의 마음을 담아 술을 대접했습니다. 전통주는 한국인의 생활문화와 밀접하게 발전해왔고, 특히 식문화에서는 "반주 문화"라고 하여 식사와 술을 곁들이는 문화가 발달했습니다. 이러한 맥락에서 술과 함께 먹는 음식인 "안주" 요리도 더욱 풍부해졌죠.

전통주의 분류

일반적으로 전통주는 쌀(혹은 다른 곡류), 누룩, 물로 만듭니다. 쌀의 가공 형태와 발효제인 누룩의 종류, 계절, 술 빚는 방법과 횟수 및 부재료에 따라 1,000여 가지가 넘는 제조법이 있다고 합니다. 포도의 수확철에 만들어지는 와인과 달리, 건조하여 저장하는 쌀의 특성 때문에 술은 일 년 내내 만들 수 있죠. 계절에 따라 다른 방법으로 빚거나 꽃, 약재 등 부재료를 넣어 만들기도 합니다.

이러한 전통주는 크게 세 가지로 분류하는데, 탁주, 청주(약주), 소주입니다. 쌀, 누룩, 물을 함께 발효시켜 맑게 걸러내면 청주(약주)가 되고, 잔유물이 남아 쌀의 우윳빛이 남아있는 것은 탁주입니다. 또한 청주나 탁주를 증류기를 통해 증류하면 알코올 도수가 높은 소주가 되죠.

청주

청주는 대개 맑고 레몬-금색빛을 가지고 있습니다. 보통 곡물류로만 만들어지지만, 과실향과 꽃향기 등 복합적인 맛과 향을 가지고 있습니다. 종류에 따라 쌀, 누룩, 물을 함께 발효시키는 과정의 횟수에 따라 단양주, 이양주, 삼양주 등이 있으며, 이양주나 삼양주는 단양주보다 더 섬세한 향미가 특징입니다.

탁주

막걸리로 대표되는 탁주는 청주의 향미에 더해 감칠맛과 상쾌함이 느껴지는 풍미를 가지고 있습니다. 예로부터 농사일을 할 때 갈증을 해소하기 위해 마셨습니다. 특유의 청량감 덕분에 파전, 김치전과 같은 기름진 음식과 잘 어울립니다. 헝가리에도 비슷한 농주가 있는데, 바로 프러치(fröccs)라고 하며 와인과 탄산수를 섞은 것입니다.

소주

소주는 "불사른 술"이라는 뜻으로, 청주나 탁주를 증류한 맑고 순도 높은 술입니다. 쌀로 빚은 술 특유의 풍미가 다른 증류주와 차별화됩니다. 현재 유통되는 소주에는 전통 방식대로 만든 증류식 소주와 흔히 접할 수 있는 초록색 병의 희석식 소주가 있습니다. 희석식 소주는 카사바 등 저렴한 재료의 전분을 발효해 얻은 순도 높은 알코올에 당류를 첨가한 소주입니다. 소주만의 독특한 향미를 맛보려면 화요 등과 같이 쌀로 술을 빚어 증류한 프리미엄 소주를 추천합니다.

ABOUT
HUNGARIAN
CUISINE

A MAGYAR
KONYHÁRÓL

헝가리 음식을
소개합니다

Hungarian gastronomy is a rich tapestry of flavours that reflect both the country's history and its commitment to innovation. Central to Hungarian cuisine are dishes like gulyás (goulash), a hearty soup made with beef, paprika and vegetables, and pörkölt, a slow-cooked meat stew typically prepared with beef, pork or chicken, and seasoned with Hungary's signature spice: paprika. These dishes are often enjoyed with fresh bread and pickles, highlighting the Hungarian tradition of pairing robust flavours with simple accompaniments.

Another staple of Hungarian cuisine is főzelék, a thick vegetable stew that is both healthy and versatile, making it suitable for vegetarians and some variants also for vegans. It showcases Hungary's strong emphasis on seasonal produce, with ingredients like peas, lentils and cabbage playing a central role. Hungarians are also known for their love of soups, with halászlé (fisherman's soup) and various fruit soups being popular choices. Halászlé is particularly notable for its rich use of paprika and the variety of fish used, making it a true reflection of Hungary's riverside culinary heritage.

A quintessential Hungarian street food that has won the hearts of locals and tourists alike is lángos. This deep-fried flatbread, traditionally topped with sour cream and grated cheese, is a staple at markets and fairs across the country. It can also be enjoyed with various toppings, including garlic, ham, or even sweet versions with sugar or jam. It is a must-try for anyone exploring the country's culinary landscape.

Hungarian cuisine wouldn't be complete without its famous desserts. The Dobos torte, Esterházy torte and Gundel pancake are just a few examples of the intricate and indulgent sweets that have gained international recognition

In recent years, Hungarian gastronomy has embraced a fusion of tradition and modernity. While traditional dishes and cultural diversity remain at the heart of the cuisine, there's been a surge in innovative approaches, with chefs experimenting with new ingredients and techniques, making Hungarian cuisine a vibrant and evolving culinary scene.

For those visiting Hungary, experiencing its gastronomy in its authentic environment—whether in a countryside csárda (traditional inn) or a modern Budapest bistro—is a must. Hungarian hospitality, paired with its rich culinary traditions, ensures that every meal is a memorable experience.

A magyar gasztronómia olyan, mint egy ízekben gazdag, színes paletta, amely egyszerre tükrözi az ország történelmét és az újítás iránti elkötelezettségét. A magyar konyha központi ételei közé tartozik a gulyás, ami egy tartalmas leves, és amelyet marhahússal, paprikával és zöldségekkel készítenek. Szintén ikonikus étel a pörkölt, ami egy lassan főtt húsos fogás, és általában marhából, sertésből vagy csirkéből készítik Magyarország ikonikus fűszerével, a paprikával. Ezek az ételek friss kenyérrel és savanyúsággal a legjobbak, így emelve ki a magyar gasztronómia egyszerű, de nagyszerű párosításait.

Egy másik alapvető fogás a főzelék, ami egy sűrű zöldséges étel. Egyszerre egészséges és sokoldalú, és a vegetáriánusok és sok esetben a vegánok számára is ideális választás. A főzelék nagyszerűen bemutatja a magyar konyha szezonális alapanyagok iránti elkötelezettségét, hiszen olyan összetevők játsszák benne a főszerepet, mint a borsó, a lencse és a káposzta.

A magyarok emellett híresek levesimádatukról, melyek közül például a halászlé és a zöldség- és gyümölcslevesek különösen népszerűek. A halászlé egyedisége a paprika gazdag használatában és különféle édesvízi halak jellegzetes ízében rejlik, és hűen tükrözi a magyar folyópartok gasztronómia-hagyományait.

A magyarok egyik legkedveltebb „street food"-ja a lángos, ami nemcsak a helyiek, hanem a turisták szívét is meghódította. Ezt az olajban sült kelt tésztát hagyományosan tejföllel és reszelt sajttal kínálják, és elmaradhatatlan „kelléke" a piacoknak és vásároknak szerte az országban. Számos változatban készítik és fogyasztják, van belőle például fokhagymás, sonkás, vagy akár édes verzióban cukros vagy lekváros is. Mindenképpen érdemes megkóstolni, ha valóban meg szeretnénk ismerni az ország gasztronómiáját.

A magyar konyha desszertek nélkül elképzelhetetlen. A dobostorta, az Esterházy-torta és a Gundel-palacsinta csak néhány azok közül az izgalmas és nagyon finom édességek közül, amelyek nemzetközi hírnevet szereztek maguknak.

Az utóbbi években a magyar gasztronómiában is népszerű a hagyományok és a modernitás ötvözése. Miközben a hagyományos ételek és a kulturális sokszínűség továbbra is a konyha alapját képezik, egyre több újítás is megjelenik. A séfek új alapanyagokkal és technikákkal is kísérleteznek, így a magyar konyha továbbra is élénk és folyamatosan fejlődő kulináris színtér maradt.

A magyar konyhát a legjobb autentikus környezetben felfedezni. Ez épp úgy lehet egy vidéki csárda vagy egy modern budapesti bisztró is. Bárhol is tesszük ezt, a magyar vendégszeretet, párosítva a gazdag kulináris hagyományokkal, biztosítja, hogy minden étkezés felejthetetlen élmény legyen.

풍부한 맛으로 대표되는 헝가리 음식은 헝가리의 역사와 변화를 담고 있습니다. 헝가리 음식이라고 하면 헝가리의 대표적인 향신료인 파프리카가 떠오르죠. 파프리카를 활용한 대표적인 헝가리 음식으로는 소고기, 파프리카 가루, 채소를 넣고 오랜 시간 진하게 끓여낸 수프인 구야쉬(굴라쉬, gulyás)와 소고기, 돼지고기, 닭고기 등을 파프리카 가루와 부드럽게 천천히 끓여 만든 스튜인 푀르켈트(pörkölt)가 있습니다. 강한 맛이 특징인 이 요리들은 빵과 피클과 함께 먹으면 담백한 맛과 잘 어우러집니다.

헝가리인이 즐겨 먹는 음식 중 또 하나는 후제레크(főzelék)입니다. 채소를 푹 끓여내어 만든 진한 스튜이며 건강에도 좋고 다양한 맛과 식감을 느낄 수 있어서 베지테리언이나 비건들에게도 인기가 좋습니다. 한국과 마찬가지로 헝가리 식문화에 있어서 제철 식재료로 요리하는 것을 중요하게 여기기 때문에 계절에 따라 완두콩, 렌틸콩, 양배추 등으로 만듭니다.

헝가리인들은 국물 요리를 좋아합니다. 특히, 생선 수프인 할라슬레(halászlé)와 과일을 활용한 여러 종류의 수프의 인기가 많습니다. 헝가리에서는 다뉴브강을 비롯한 큰 강이 흐르는 강변 지역의 개성 짙은 식문화가 잘 알려져 있습니다. 할라슬레(halászlé)는 파프리카 가루와 다양한 민물 생선을 푹 끓여 만든 생선 수프로 헝가리 강변 지역의 식문화를 잘 보여줍니다. 헝가리의 대표적인 길거리 음식인 랑고시(lángos)는 기름에 튀긴 납작하지만 폭신한 빵으로, 사워크림과 간 치즈를 얹어 먹습니다. 시장이나 축제에서 자주 볼 수 있는데 마늘, 햄을 얹을 수도 있고, 심지어 설탕이나 잼을 얹어 달콤하게도 먹을 수 있습니다. 헝가리의 식문화를 제대로 경험해 보려면 꼭 드셔보는 것을 추천합니다.

식사에 마침표를 찍는 데 디저트가 빠질 수 없죠. 대표적인 헝가리의 디저트로는 도보쉬 케이크(Dobos torta), 에스터하지 토르타(Esterházy torta), 군델 팬케이크(Gundel palacsinta) 등이 있습니다. 특유의 달콤하고 풍부한 맛이 입안을 가득 채우는 디저트입니다.

최근에는 헝가리 음식 또한 전통과 현대를 융합하며 진화하고 있습니다. 전통 음식을 보존하고 문화적 다양성을 갖추는 것은 여전히 중요합니다. 하지만 셰프들이 새로운 식재료와 조리법으로 다양한 실험을 하면서 헝가리의 미식 씬(scene)은 더욱 생동감 넘치게 변화하고 있습니다.

헝가리를 방문할 때는 전통적인 민속 식당인 차르다(csárda)에서든 부다페스트의 현대적인 비스트로에서든 헝가리의 따뜻한 환대와 전통 요리를 경험해야 합니다. 매 끼니가 단순한 식사를 넘어 특별한 경험이 될 것입니다.

WHEN IN
HUNGARY &
KOREA...

HA MAGYAR-
ORSZÁGON ÉS
KOREÁBAN
JÁRSZ...

한국과 헝가리를
여행할 때에...

WHEN IN HUNGARY, YOU MUST...

...TASTE GULYÁS
Try this hearty Hungarian soup, rich with paprika and tender beef, to experience one of Hungary's most iconic dishes.

...TRY LÁNGOS
Indulge in this deep-fried flatbread, traditionally topped with sour cream, cheese and garlic—perfect as a snack or a quick meal.

...HAVE A SLICE OF DOBOS TORTE
Delight in this famous Hungarian dessert, a layered sponge cake with chocolate buttercream and a caramel top.

...HAVE A CHIMNEY CAKE (KÜRTŐSKALÁCS)
Enjoy this sweet, spiral-shaped pastry dusted with sugar or cinnamon, often sold at street markets.

...ENJOY A TOKAJI ASZÚ
Sip on this world-renowned sweet wine from the Tokaj region, known as the "wine of kings."

...RELAX IN A THERMAL BATH
Visit one of Budapest's historic thermal baths, such as Széchenyi or Gellért, for a rejuvenating soak in mineral-rich waters.

...EXPLORE THE GREAT MARKET HALL IN BUDAPEST
Discover traditional Hungarian foods, spices and crafts in this bustling indoor market.

...CRUISE ON LAKE BALATON
Take a boat trip on Central Europe's largest lake, known as the "Hungarian Sea," and enjoy the scenic views.

...WALK ALONG THE FISHERMAN'S BASTION
Enjoy the panoramic views of the Danube, the Parliament building and the Pest side of the city from this iconic neo-Gothic terrace.

...VISIT MATTHIAS CHURCH
Step inside this stunning church with its colourful tiled roof and intricate interior, where Hungarian kings were once crowned.

HA MAGYARORSZÁGON JÁRSZ,
NE HAGYD KI...

...A GULYÁSLEVEST
A gulyásleves egy igazán laktató fogás, a magyarok egyik legfontosabb levese finom fűszerpaprikával és omlós marhahússal. Az egyik legikonikusabb magyar étel, amit mindenképp meg kell kóstolnod!

...A LÁNGOST
Kóstolj bele az ínycsiklandó, bő olajban sült, kelt tésztából készült lángosba, amit hagyományosan tejföllel, sajttal és fokhagymával fogyasztanak. Tökéletes uzsonnára vagy egy gyors étkezésnek!

...A DOBOSTORTÁT
Ez az egyik leghíresebb magyar desszert, így semmiképp ne hagyd ki. A dobostorta jellegzetessége a kontraszt a puha piskóta, a krémes csokoládés krém és a roppanós karamellréteg között.

...A KÜRTŐSKALÁCSOT
Próbáld ki ezt az édes, spirál alakú süteményt, amit cukorral vagy fahéjjal szórnak meg. Gyakran találkozhatsz vele utcai piacokon, ahol frissen készítik.

...EGY POHÁR TOKAJI ASZÚT
Kóstolj bele ebbe a világhírű édes borba, amely a Tokaji borvidékről származik. Nem véletlenül nevezik „a királyok borának"!

...A LAZÍTÁST EGY TERMÁLFÜRDŐBEN
Merülj el Budapest egyik történelmi termálfürdőjében, mint például a Széchenyi vagy a Gellért fürdőben. A forró, ásványi anyagokban gazdag víz tökéletesen felfrissít.

...A NAGYVÁSÁRCSARNOK FELFEDEZÉSÉT
Látogass el Budapest híres piacára, ahol hagyományos magyar ételeket, fűszereket és kézműves termékeket találsz. Igazi gasztroparadicsom!

...EGY VITORLÁZÁST A BALATONON
Kapcsolódj ki egy vitorláson a Balatonon, Közép-Európa legnagyobb taván. A „magyar tenger" gyönyörű látványa garantáltan elvarázsol.

...A SÉTÁT A HALÁSZBÁSTYÁN
Élvezd a lenyűgöző panorámát a Halászbástyáról, ahonnan ráláthatsz a Dunára, a Parlamentre és Pest városrészére. Egy igazán különleges élmény!

...A MÁTYÁS-TEMPLOM MEGLÁTOGATÁSÁT
Nézz be ebbe a gyönyörű templomba, amely színes cseréptetejéről és gazdag belső díszítéséről híres. Itt koronázták meg egykor a magyar királyokat.

헝가리에 가면 꼭 해봐야 할 것들...

...GULYÁS(굴라쉬) 맛보기
굴라쉬는 매콤한 파프리카 가루와 부드러운 소고기가 아낌없이 들어간 헝가리의 대표적인 수프입니다. 전통 헝가리 음식의 맛을 제대로 느껴보세요.

... LÁNGOS(랑고시) 맛보기
랑고시는 사워크림, 치즈, 마늘을 얹어 먹는 바삭한 튀김빵으로, 간식이나 가벼운 식사로 추천합니다.

...DOBOS TORTA(도보쉬 토르타) 맛보기
여러 겹의 케이크 시트에 초콜릿크림과 캐러멜이 올려진 대표적인 헝가리 디저트를 꼭 드셔보세요.

...KÜRTŐSKALÁCS(쿠르토시칼라치, 역: 굴뚝빵) 맛보기
설탕이나 계피가루를 뿌린 달콤한 꽈배기같은 빵으로, 주로 야외 시장에서 볼 수 있습니다.

...TOKAJI ASZÚ(토카이 아수) 와인 마셔보기
"와인의 왕"으로 불리는 토카이 지역의 세계적으로 유명한 스위트 와인을 한 번 맛보세요.

...온천욕으로 휴식을 취하기
Széchenyi(세체니)나 Gellert(겔레르트) 같은 부다페스트의 유서깊은 온천에서 미네랄이 풍부한 물로 몸과 마음을 재충전해 보세요.

...부다페스트의 중앙 시장 구경하기
전통 헝가리 음식, 향신료, 수공예품이 가득한 생동감 넘치는 실내 시장을 둘러보세요.

...BALATON(발라톤) 호수에서 크루즈타기
"헝가리의 바다"라 불리는 중부 유럽 최대의 호수에서 보트를 타고 아름다운 경치를 감상해보세요.

...어부의 요새를 거닐어보기
네오 고딕 양식의 테라스에서 다뉴브강, 국회의사당, 페스트 지역의 파노라마 전망을 즐겨보세요.

...MÁTYÁS(마차시) 교회를 방문하기
과거 헝가리의 왕들이 대관식을 거행한 교회입니다. 화려한 타일 지붕과 정교하고 아름다운 내부를 감상해보세요.

WHEN IN KOREA, YOU MUST...

...EXPERIENCE A PROPER KOREAN BBQ
Enjoy an authentic Korean BBQ where you grill premium meats like Hanwoo (Korean beef) at your table, paired with a variety of banchan (side dishes).

...TRY STREET FOOD AT GWANGJANG MARKET
Dive into Seoul's street food culture with favourites like bindaetteok (mung bean pancakes) and mayak gimbap (mini seaweed rice rolls) at this bustling market.

...STAY AT A KOREAN BUDDHIST TEMPLE FOR MINDFULNESS
Immerse yourself in Korean Buddhist culture with a temple stay, practising mindfulness and enjoying pure temple food while being close to nature.

...PICNIC AT HAN RIVER PARK
Spend an afternoon picnicking at Han River Park, enjoying the scenic views and relaxed atmosphere.

...EXPLORE NORYANGJIN FISH MARKET
Discover this vibrant fish market where you can buy fresh seafood and have it prepared on site for a truly local experience.

...VISIT GANGNAM'S APGUJEONG-CHEONGDAM FOR FINE DINING
Treat yourself to innovative Korean and international cuisine in the upscale Apgujeong-Cheongdam area.

...STROLL THROUGH BUKCHON HANOK VILLAGE
Wander the picturesque streets of Bukchon Hanok Village, surrounded by traditional Korean houses.

...WANDER SEONGSU'S TRENDY STREETS
Explore Seongsu's hipster vibe with its unique cafes, art galleries and boutique shops.

...VISIT LOTTE TOWER FOR A SCENIC VIEW
Head up to the observation deck of Lotte Tower for breathtaking views of Seoul's skyline and enjoy a panoramic perspective of the city.

...GO HIKING
Explore the beautiful trails of Bukhansan National Park for a rewarding hike. Enjoy scenic views, lush nature and a sense of tranquility as you ascend one of Seoul's most popular mountains.

...TRY KOREAN SPIRIT
Sample traditional Korean spirits like soju, cheongju or makgeolli, each with its own unique flavour and cultural significance.

HA KOREÁBAN JÁRSZ, NE HAGYD KI...

...AZ IGAZI KOREAI BBQ ÉLMÉNYÉT
Kóstolj meg egy autentikus koreai BBQ-t, ahol az asztalodnál grillezheted a prémium húsokat, például a Hanwoot (koreai marhahús), és élvezd a számos banchant (koreai köretet).

...A GWANGJANG PIAC UTCAI ÉTELEIT
Merülj el Szöul utcai ételkultúrájában, és próbáld ki a népszerű fogásokat, mint a bindaetteok (mungóbab-palacsinta) és a mayak gimbap (mini tengeri algás rizstekercs) ezen a nyüzsgő piacon.

...EGY BUDDHISTA TEMPLOMI SZÁLLÁST A NYUGALOMÉRT
Mélyedj el a koreai buddhista kultúrában egy templomi szállás során, gyakorold a mindfulnesst, és élvezd a tiszta, templomi ételeket, miközben közel vagy a természethez.

...A PIKNIKEZÉST A HAN FOLYÓ PARKJÁBAN
Tölts egy délutánt piknikezéssel a Han folyó parkjában, élvezd a festői kilátást és a nyugodt légkört.

...A NORYANGJIN HALPIAC FELFEDEZÉSÉT
Ismerd meg ezt az élénk halpiacot, ahol friss tengeri ételeket vásárolhatsz, és helyben elkészíttetheted őket egy igazán helyi élményért.

...A GANGNAM APGUJEONG-CHEONGDAM KÖRNYÉKI FINE DINING ÉLMÉNYÉT
Kényeztesd magad innovatív koreai és nemzetközi ételekkel az elegáns Apgujeong-Cheongdam környékén.

...A BUKCHON HANOK FALU UTCÁIN VALÓ SÉTÁLÁST
Barangolj a festői Bukchon Hanok falu utcáin, amelyeket hagyományos koreai házak vesznek körül.

...SEONGSU TRENDI UTCÁIN VALÓ BOLYONGÁST
Fedezd fel Seongsu hipster hangulatát, ahol egyedi kávézók, művészeti galériák és butiküzletek várnak.

...A LOTTE-TORONY MEGLÁTOGATÁSÁT A GYÖNYÖRŰ KILÁTÁSÉRT
Menj fel a Lotte-torony kilátóteraszára, ahonnan lélegzetelállító kilátás nyílik Szöul látképére, és élvezd a város panorámáját.

...A TÚRÁZÁST
Fedezd fel a Bukhansan Nemzeti Park gyönyörű ösvényeit egy élménydús túra során. Élvezd a festői kilátásokat, a buja természetet és a nyugalom érzését, miközben megmászod Szöul egyik legnépszerűbb hegyét.

...A KOREAI ITALOK KIPRÓBÁLÁSÁT
Kóstolj meg hagyományos koreai párlatokat, italokat, mint a soju, cheongju vagy makgeolli, melyek mindegyike egyedi ízzel és kulturális jelentőséggel bír.

한국에 가면 꼭 해봐야 할 것들...

..한국식 숯불구이 경험해보기
한우를 포함한 다양한 종류의 고기를 직접 구우며 반찬을 함께 맛보는 정통 한국식 숯불구이를 경험해보세요.

...광장시장에서 길거리 음식을 맛보기
빈대떡, 마약김밥 등 한국에서만 맛 볼수 있는 길거리 음식이 가득한 광장시장에서 즐겨보세요.

...템플스테이 경험하기
사찰에서 자연과 가까운 사찰 음식과 명상을 체험해보며 한국 불교 문화를 경험해보세요.

...한강공원에서 피크닉 즐기기
한강의 탁 트인 풍경 속에서 피크닉을 즐기며 여유로운 시간을 보내보세요.

...노량진 수산시장을 구경하세요
한국 최대의 수산시장에서 신선한 해산물을 구경하고 바로 식당에서 맛을 보는 특별한 경험을 해보세요.

...압구정-청담 일대에서 파인다이닝 경험하기
압구정-청담 일대의 멋진 분위기 속에서 한식을 비롯한 여러 장르의 파인다이닝을 즐겨보세요.

...북촌 한옥마을을 산책하기
전통 한옥이 밀집되어 있는 북촌 한옥마을의 멋진 거리를 걸어보세요.

...성수동의 트렌디한 거리를 걸어보기
독특한 카페와 갤러리가 가득한 성수동에서 최신 트렌드를 느껴보세요.

...롯데타워에서 경치를 감상하기
서울의 전경을 한눈에 담을 수 있는 롯데타워 전망대에서 멋진 경치를 감상하며 서울 도심의 스카이라인을 즐겨보세요

...등산을 해보기
북한산에서 시원한 바람을 맞으며 등산을 즐겨보세요. 서울의 멋진 전망과 자연을 만끽할 수 있는 좋은 코스입니다.

...한국 전통주를 맛보기
청주, 막걸리, 소주 같은 전통주를 시음하며 한국의 전통주 문화를 체험해보세요.

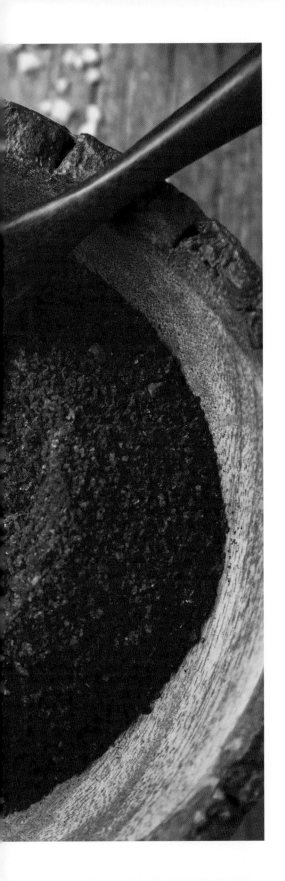

BASIC KOREAN
INGREDIENTS

KOREAI
ALAPANYAGOK

기본 한식 재료

쌀 SSAL (RICE)

Korea's staple rice is short-grain, also known as sushi rice. Its high starch content gives it a firmer and stickier texture compared to long-grain varieties like jasmine or basmati. Due to its firmness, some types of short-grain rice need to be soaked in water before cooking. To prepare, wash the rice, drain in a sieve and leave to rest for 30 minutes. The ideal rice-to-water ratio is 1:1.2 by volume or 1:1.5 by weight. To enhance its flavour and texture, you can substitute 10-30% of the rice with other grains like barley, buckwheat or millet.

떡볶이떡 TTEOK (RICE CAKE FOR TTEOKBOKKI)

An essential ingredient in the iconic Korean street food, tteokbokki. These rice cakes are made from rice, salt and water, resulting in a neutral taste. The rice powder is steamed, kneaded into a dough and worked until chewy. Tteok can also be added to stews for extra heartiness. While gnocchi can be a substitute, nothing compares to the authentic rice cakes.

소면 SOMYEON (THIN NOODLES)

Somyeon are dried thin wheat noodles, similar to Japanese somen. With a neutral taste and a pleasantly chewy texture, they're perfect for saucy dishes like Bibim Guksu (spicy cold noodles) or served in a clear broth. Capellini (angel hair pasta) can be used as a substitute.

당면 DANGMYEON (GLASS NOODLES)

Made from sweet potato starch, dangmyeon noodles are firm when dry but become soft and chewy when cooked. These noodles are a key ingredient in Japchae (stir-fried glass noodles and vegetables). Before cooking, soak the noodles in water or boil them, depending on the recipe. Chinese mung bean or sweet potato vermicelli can be used as substitutes.

깻잎 KKAENNIP (PERILLA LEAF)

Perilla leaf, a favourite in Korean cuisine, belongs to the mint family and is known for its intense flavours of mint and liquorice. It's incredibly versatile—perfect for adding to ssam (vegetable rice wraps), thinly slicing over stews for extra freshness or making into kimchi. Many Koreans living outside Korea grow perilla in their gardens, and you can easily find seeds online by searching for perilla frutescens.

SEASONINGS

간장 GANJANG (KOREAN SOY SAUCE)

Ganjang is a versatile staple in Korean cooking, used much like salt. Traditional ganjang is made with soybeans, salt and water, though commercial versions may include wheat and sweeteners. It's perfect for stir-fries, stews, marinades and more. When buying, opt for "naturally brewed" ganjang for superior flavour and depth. Japanese soy sauce can serve as a substitute.

국간장 GUK-GANJANG (LIGHT SOY SAUCE)

Guk-ganjang is saltier than regular ganjang and traditionally refers to soy sauce aged for less than a year. Its salty yet less sweet taste makes it ideal for light soups and namul (seasoned vegetable) dishes. Ganjang or fish sauce can be used as substitutes.

된장 DOENJANG (KOREAN SOYBEAN PASTE)

Doenjang is another versatile staple in Korean cooking, often compared to miso but with more pungent and complex flavours. It's commonly used in soups and stews but is also great for marinating or braising meat, fish and vegetables, as well as in salad dressings or dipping sauces. While doenjang's bold flavours are unmatched, miso can be a substitute.

고추장 GOCHUJANG (KOREAN RED CHILLI PASTE)

Gochujang, a Korean pantry staple, offers a harmonious balance of spicy, sweet, tangy, fruity and pungent flavours. It's famous for dishes like bibimbap and tteokbokki (spicy rice cake stew) but also works well in braises, stews, salad dressings and dipping sauces.

고춧가루 GOCHUGARU (KOREAN RED CHILLI POWDER)

Made from sun-dried Korean chilli peppers, gochugaru boasts spicy, fruity and slightly smoky flavors. There are two types: coarse and fine. Coarse gochugaru is versatile, used in everything from kimchi to all-purpose seasoning, while the fine version is used to make gochujang. Look for gochugaru made from Korean-grown peppers for the best quality. Bright red, fresh gochugaru is ideal, but coarsely ground Hungarian paprika or Aleppo pepper can also be used as substitutes.

새우젓 SAEU-JEOT (SALTED SHRIMP)

When shrimps are mixed with salt while extremely fresh, they produce a clean, refreshing savouriness with minimal fishiness. Salted shrimp is commonly used to season dishes like aehobak-namul (seasoned zucchini) and many Koreans add it to kimchi paste, adding depth and complexity.
When making kimchi, the recommended ratio is 1 tablespoon of salted shrimp and 1 tablespoon of fish sauce per 1kg of Kimchi cabbage (or Chinese leaves). Store salted shrimp in the freezer—it won't freeze solid due to its high salt content, ensuring it stays fresh for months. Fish sauce or guk-ganjang (light soy sauce) can be used as substitutes.

조청 JOCHEONG (RICE SYRUP)

Traditionally made with rice, malt and water, it lends subtle caramel-like sweetness to dishes. It's available in both Asian stores and organic stores. You can substitute it with honey or corn syrup, although honey is much sweeter.

깨소금 KKAE-SOGEUM (TOASTED & ROUGHLY GROUND SESAME SEEDS)

Toasted sesame seeds are an essential ingredient in Korean cooking, adding extra nuttiness to dishes. Most store-bought sesame seeds are not toasted unless specified. Toasting them brings out a significant difference in flavour.
To toast, spread the seeds in a thin layer in a dry pan and stir over medium heat for 3-4 minutes until golden. Be cautious, as they can burn quickly.

쌀 SSAL (RIZS)

Korea legfontosabb rizse a kerekszemű rizs, más néven szusirizs. Magas keményítőtartalma miatt feszesebb és ragadósabb állagú, mint a hosszú szemű fajták, például a jázmin vagy a basmati. Keménysége miatt a kerekszemű rizs egyes fajtáit főzés előtt vízbe kell áztatni. Az elkészítéshez mossuk meg a rizst, szűrjük le, és hagyjuk állni 30 percig. Az ideális rizs-víz arány 1:1,2 térfogatarányban vagy 1:1,5 tömegarányban. Az íz és az állag javítása érdekében a rizs 10-30%-át más gabonafélékkel, például árpával, hajdinával vagy kölessel helyettesíthetjük.

떡볶이떡 TTEOK (RIZSNUDLI A TTEOKBOKKIHOZ)

A tteok, vagy magyarul rizsnudli, az ikonikus koreai street food, a tteokbokki nélkülözhetetlen összetevője. Ezek a rizsnudlik rizsből, sóból és vízből készülnek, amik egy neutrális ízt eredményeznek. A rizslisztet gőzölik, tésztává gyúrják, és rágósra dolgozzák. A tteokot ragukhoz is hozzáadhatjuk, hogy még kiadósabbak legyenek. Bár a gnocchi helyettesítheti, semmi sem hasonlítható az eredeti rizsnudlihoz.

소면 SOMYEON (VÉKONY TÉSZTA)

A somyeon a japán somenhez hasonló, szárított és vékony, búzából készült tészta. Semleges íze és kellemesen rágós állaga miatt tökéletes az olyan szószos ételekhez, mint a Bibim Guksu (csípős hideg tészta), vagy akár húslevesben tálalva. A capellini (cérnametélt) helyettesítheti.

당면 DANGMYEON (ÜVEGTÉSZTA)

Az édesburgonya-keményítőből készült dangmyeon tészta száraz állapotban kemény, de főzés után puha és rágós lesz. Ez a tészta a Japchae (pirított üvegtészta és zöldségek) egyik fő összetevője. Főzés előtt áztassuk be a tésztát vízbe, vagy főzzük meg, a recepttől függően. A kínai mungóbab vagy édesburgonya-vermicelli helyettesítheti.

깻잎 KKAENNIP (PERILLALEVÉL)

A perillalevél, a koreai konyha egyik kedvence, a mentafélék családjába tartozik, a menta és az édesgyökér intenzív ízéről ismert. Hihetetlenül sokoldalúan felhasználható – tökéletesen alkalmas ssamhoz (zöldséges rizstekercsek), vékonyra szeletelve ragukhoz az extra frissesség érdekében, vagy kimchibe. Sok Koreán kívül élő koreai termeszti a perillát a kertjében, a Perilla frutescens kifejezésre rákeresve könnyen találhatunk vetőmagot hozzá az interneten.

FŰSZEREK

간장 GANJANG (KOREAI SZÓJASZÓSZ)

A ganjang a koreai konyha sokoldalú alapanyaga, amelyet a sóhoz hasonlóan használnak. A hagyományos ganjang szójababból, sóból és vízből készül, bár a kereskedelmi forgalomban kapható változatok búzát és édesítőszert is tartalmazhatnak. Tökéletes pirított ételekhez, ragukhoz, pácokhoz és még sok minden máshoz. Vásárláskor a „természetes módon főzött" ganjangot válasszuk a kiváló íz és mélység érdekében. A japán szójaszósz helyettesítheti.

국간장 GUK-GANJANG (VILÁGOS SZÓJASZÓSZ)

A guk-ganjang sósabb, mint a hagyományos ganjang, és hagyományosan az egy évnél rövidebb ideig érlelt szójaszószra utal. Sós, ugyanakkor kevésbé édes íze miatt ideális könnyű levesekhez és namul (fűszerezett zöldségek) ételekhez. A ganjang vagy a halszósz helyettesítheti.

된장 DOENJANG (KOREAI SZÓJABAB PASZTA)

A doenjang a koreai konyha másik sokoldalú alapanyaga, gyakran hasonlítják a misóhoz, de csípősebb és összetettebb ízekkel. Általában levesekhez és ragukhoz teszik, de húsok, halak és zöldségek pácolásához vagy dinszteléséhez is használhatjuk, valamint salátaöntetekhez és mártogatósokhoz is kiváló. Bár a doenjang markáns íze páratlan, a miso is helyettesítheti.

고추장 GOCHUJANG (KOREAI VÖRÖSCSILI-PASZTA)

A gochujang, a koreai éléskamra elengedhetetlen eleme, a csípős, édes, savanykás, gyümölcsös és pikáns ízek harmonikus egyensúlyát kínálja. Olyan ételekről ismert, mint a bibimbap és a tteokbokki (csípős rizsnudliragu), de párolt ételekben, ragukban, salátaöntetekben és mártogatósokban is jól használható.

고춧가루 GOCHUGARU (KOREAI VÖRÖSCSILI-POR)

A napon szárított koreai csilipaprikából készült gochugaru csípős, gyümölcsös és enyhén füstös ízekkel büszkélkedhet. Két típusa létezik: durva és finom. A durva gochugaru sokoldalúan használható, a kimchitől kezdve a mindennapi fűszerezésig, míg a finom változatot gochujang készítéséhez használják. A legjobb minőség érdekében keressük a koreai termesztésű paprikából készült gochugarut.

Az élénkpiros, friss gochugaru ideális, de a durvára őrölt magyar paprika vagy az Aleppo paprika is helyettesítheti.

새우젓 SAEU-JEOT (SÓZOTT GARNÉLARÁK)

Ha a garnélarákot rendkívül friss állapotban megsózzuk, tiszta, frissítő ízt és minimálisan halas ízvilágot kapunk. A sózott garnélarákot gyakran használják olyan ételek fűszerezésére, mint az aehobak-namul (fűszerezett cukkini), és sok koreai adja hozzá a kimchihez, mélységet és komplexitást kölcsönözve neki.

Kimchi készítéséhez az ajánlott arány 1 evőkanál sózott garnélarák és 1 evőkanál halszósz, 1 kg kínai kelhez. A sózott garnélarákot tároljuk a fagyasztóban – magas sótartalma miatt nem fagy meg, így hónapokig friss marad. A halszósz vagy a guk-ganjang (világos szójaszósz) helyettesítheti.

조청 JOCHEONG (RIZSSZIRUP)

Hagyományosan rizsből, malátából és vízből készül, és finom karamellszerű édességet kölcsönöz az ételeknek. Ázsiai boltokban és bioboltokban egyaránt kapható. Helyettesíthető mézzel vagy kukoricasziruppal, bár a méz sokkal édesebb.

깨소금 KKAE-SOGEUM (PIRÍTOTT ÉS DURVÁRA ŐRÖLT SZEZÁMMAG)

A pirított szezámmag a koreai konyha elengedhetetlen összetevője, amely extra magvas ízt kölcsönöz az ételeknek. A legtöbb boltban kapható szezámmagot nem pirítják meg, hacsak nincs rajta erre vonatkozó megjegyzés. A pirítás jelentős ízbeli különbséget eredményez.

A pirításhoz vékony rétegben terítsük szét a magokat egy száraz serpenyőben, és közepes lángon 3-4 percig kevergetve pirítsuk aranyszínűre. Legyünk óvatosak, mert gyorsan megéghetnek.

쌀

한국에서 주로 생산되고 소비되는 쌀은 단립종 쌀이다. 해외에서는 초밥용 쌀로 알려져 있는데, 안남미와 같은 장립종 쌀에 비해 전분 함량이 높아 찰진 식감을 준다. 쌀의 특성에 따라 조리 전에 물에 불리는 것이 좋은데, 쌀을 씻고 체에 밭쳐 30분 정도 두면 된다. 쌀과 물의 비율은 부피로 1:1.2, 무게로는 1:1.5가 적당하다. 풍미와 식감을 위해 쌀 양의 10-30%를 보리, 메밀, 조 같은 다른 곡물로 대체하여 잡곡밥을 만들 수 있다.

떡볶이떡

한국의 대표적인 길거리 음식인 떡볶이에 필수적인 재료이다. 쌀, 소금, 물로 만들어져 담백한 맛을 가지고 있고, 쌀가루를 쪄낸 후 쫄깃해질 때까지 치대어 만들어진다. 떡볶이 외에도 찜요리에 넣어 쫄깃한 식감을 더할 수 있다. 감자 뇨끼로 대체할 수 있지만 불편함을 감수하고라도 떡볶이떡을 구매하는 것을 추천한다.

소면

소면은 밀가루로 만들어 건조한 얇은 국수이다. 담백한 맛과 쫄깃한 식감을 가지고 있어 비빔국수와 같이 양념이 있는 음식이나 맑은 장국과 잘 어울린다. 카펠리니(엔젤 헤어 파스타)로 대체할 수 있다.

당면

당면은 고구마 전분으로 만들어졌고 건조 상태에서는 단단하지만 익히면 부드럽고 쫄깃해진다. 당면은 잡채와 같은 음식의 필수 재료인데, 레시피에 따라 조리 전에 물에 불리거나 삶아 사용한다. 녹두 전분 또는 고구마 전분으로 만든 중국식 당면으로 대체할 수 있다.

깻잎

깻잎은 한국인들이 즐겨먹는 채소로 민트와 감초를 연상시키는 강한 향이 특징이다. 쌈에 넣거나, 찜요리 위에 썰어 향을 더할 수 있고, 깻잎김치로 담가도 좋다.
해외 거주하는 많은 한국인들은 깻잎을 직접 재배하고 있으며, perilla frutescens로 검색하면 인터넷에서 쉽게 씨앗을 구할 수 있다.

양 념 류

간장

간장은 한국 음식의 기본 장류 중 하나로 음식의 간을 하는 용도로 쓴다. 전통 방식으로 만든 간장은 대두, 소금, 물만으로 만들어지지만, 시판 간장은 밀이나 감미료가 포함될 수 있다. 간장은 볶음 요리, 찌개, 양념, 고기 재움장 등에 두루 사용된다. 구매할 때 양조 간장을 선택하는 것이 좋고, 한국식 간장이 없다면 일본 간장으로 대체할 수 있다.

국간장

국간장은 일반 간장보다 염도가 높은데, 1년 이하로 숙성된 전통 간장을 말한다. 염도가 비교적 높지만 단맛이 적어 국이나 나물 무침 같은 음식에 적합하다. 일반 간장이나 액젓으로 대체할 수 있다.

된장

된장 또한 한국 음식의 기본 장류 중 하나로, 일본 미소와 비슷하지만 더 강하고 복합적인 맛을 가지고 있다. 주로 된장찌개와 같은 국물 요리에 사용되지만, 고기, 생선, 채소를 재우거나 조림을 만드는 데에도, 나물 양념이나 쌈장 같이 찍어먹는 양념 용도로도 좋다. 된장의 복합적인 맛은 일본 미소로 대체하기 어렵지만, 구하기가 어렵다면 일본 미소를 대체재로 사용할 수 있다.

고추장

고추장은 한국의 대표적인 양념으로, 매운맛, 단맛, 짠맛, 감칠맛이 조화를 이룬다. 비빔밥이나 떡볶이 같은 음식에 사용되는 것으로 널리 알려져있지만, 다양한 조림, 찌개, 나물 양념, 초고추장, 쌈장 등에도 잘 어울린다.

고춧가루

고춧가루는 늦여름 뜨거운 햇볕 아래 말린 고추로 만들어지며, 매콤한 맛과 과일향, 살짝 스모키한 맛이 특징이다. 고춧가루는 굵은 고춧가루와 고운 고춧가루로 나뉘며, 굵은 고춧가루는 김치 등 다양한 요리에, 고운 고춧가루는 주로 고추장 만들 때 사용한다. 고춧가루를 구입할 때는 한국산 고추로 만든 색깔이 선명한 고춧가루를 선택하는 것이 좋다.
굵게 빻은 헝가리산 파프리카 가루나 알레포 페퍼로도 대체할 수 있다.

새우젓

새우젓은 갓 잡은 새우에 소금을 섞어 낮은 온도에서 숙성하여 비린 맛이 거의 없고 깔끔한 감칠맛이 특징이다. 새우젓은 애호박나물과 같은 반찬에 자주 사용되며, 김치 양념에도 깔끔한 감칠맛을 더하기 위해 사용된다.
김치에 넣을 때는 배추 1kg당 새우젓 1큰술과 액젓 1큰술을 함께 사용하는 게 적당하다. 새우젓은 냉동 보관하는 것이 좋으며, 높은 염도 덕분에 냉동실에서도 얼지 않고 신선하게 유지할 수 있다. 대체로 액젓이나 국간장을 사용할 수 있다.

조청

전통적으로 쌀, 엿기름, 물로 만들어지며, 음식에 은은한 캐러멜과 같은 단맛 더하기 좋다. 해외의 경우 아시아 식품점이나 유기농 매장에서 쉽게 구할 수 있으며, 꿀이나 물엿으로 대체할 수 있지만 꿀이 훨씬 달다는 점을 유의해야 한다.

깨소금

볶은깨는 한국 음식에 고소함을 더해주는 필수적인 재료이다. 유럽의 시중에서 판매되는 참깨는 대부분 볶지 않은 상태이므로, 집에서 직접 볶으면 훨씬 더 고소한 맛을 느낄 수 있다.
마른 팬에 참깨를 얇게 펼쳐 중불에서 3-4분 동안 저어가며 구워 노릇노릇해질 때까지 볶는다. 생참깨의 경우, 깨를 씻고 일어 불순물을 제거 후 마른 팬에 볶는다. 수분이 날아간 후 약 10분간 중약불에서 볶아 노릇노릇해지면 된다. 금방 타버릴 수 있으니 주의해야 한다. 절구에 넣어 깨의 50% 정도가 부서질 정도로 찧거나 푸드 프로세서에 2-3번 순간작동한다.

HOW IT ALL
BEGAN...

HOGYAN
KEZDŐDÖTT...

이렇게
시작되었습니다...

DR ÁGNES CSIBA-HERCZEG DipWSET

wine strategy consultant, senior research fellow at the University of Tokaj-Hegyalja, researcher at the University of Pécs, Fine and Rare Wine Specialist

Dr Ágnes Csiba-Herczeg is one of Hungary's most renowned wine strategy experts, with nearly 25 years of experience. Throughout her career, she has received numerous prestigious awards, including the WSET and IWSC Future 50 awards. Her clients include wine regions, wineries and hotels, and she previously served as a wine strategy consultant for Lidl. Currently, she plays a significant role in Hungary's wine trade as the strategic wine consultant for SPAR. She is a judge for the Decanter World Wine Awards (DWWA), the International Wine Challenge (IWC) and the Asian Wine Trophy (AWT). In addition, she teaches and conducts research at three universities and regularly holds masterclasses and lectures both in Hungary and around the world. Ágnes is widely known for her deep knowledge and expertise in wine and food pairing. She lives with her family in a small village near Budapest, Hungary.

DR. CSIBA-HERCZEG ÁGNES Dip. WSET

borpiaci stratégiai szakértő, a Tokaj-Hegyalja Egyetem tudományos főmunkatársa, a Pécsi Tudomány-egyetem kutatója, Fine and Rare Wine Specialist

Dr. Csiba-Herczeg Ágnes Magyarország egyik legjelentősebb borpiaci stratégiai szakértője közel 25 éves tapasztalattal. Karrierje során számos jelentős elismerést kapott, többek között a WSET és IWSC Future 50 díját. Ügyfelei között borvidékek, borászatok és szállodák is vannak, emellett korábban a Lidl borstratégiai tanácsadójaként, jelenleg pedig a SPAR borstratégiai tanácsadójaként jelentős szerepet tölt be a hazai borkereskedelemben is. A DWWA (Decanter World Wine Awards), az IWC (International Wine Challenge) és az AWT (Asia Wine Trophy) borbírálója, emellett három egyetemen tanít és kutat, és rendszeres tart itthon és szerte a világban mesterkurzusokat, előadásokat. Ágnes bor-étel párosítás témában szerzett mély tudása és szakértelme széles körben ismert. Családjával Magyarországon, egy Budapest melletti kis faluban él.

아그네스 치버-헤르체그 박사 DipWSET.

와인 시장 전략 전문가, 토카이 대학교 선임 연구원, 픽츠 대학교 연구원, 파인 앤 레어(Fine and Rare) 와인 전문가

아그네스 치버-헤르체그 박사는 25년 이상의 경력을 자랑하는 헝가리의 저명한 와인 전략 전문가입니다. WSET 및 IWSC Future 50과 같은 권위 있는 상을 수상하였으며, 와인 산지, 와이너리, 호텔 등을 고객으로 두고 있습니다. 유럽의 주요 슈퍼마켓 체인인 Lidl 과 SPAR에서 와인 전략 컨설턴트로 활동하며 헝가리 와인 산업에 중요한 기여를 하고 있습니다. 또한, 아그네스는 Decanter World Wine Awards (DWWA), International Wine Challenge(IWC), Asian Wine Trophy(AWT) 등 국제 와인 대회에서 심사위원으로 활약하고 있으며, 세 곳의 대학에서 강의와 연구를 병행하고 있습니다. 헝가리뿐만 아니라 전 세계에서 마스터클래스와 강연을 정기적으로 진행하고 있고, 특히 와인과 음식 페어링에 대한 탁월한 전문성으로 널리 알려져 있습니다. 현재 가족과 함께 부다페스트 근교의 작은 마을에 거주 중입니다.

TAEYEON KIM

Director and Founder of The Kimchi Institute,
Korean culinary expert, chef instructor

Taeyeon Kim is an expert chef and certified instructor in Korean cuisine, with specializations in Korean temple and royal court cuisines. She works closely with the Korean Food Promotion Institute, a government body that promotes Korean food worldwide, and has been sent as a culinary ambassador to Korean embassies, Cultural Centers, and cooking schools around the globe. In addition, she has developed curricula that are now taught at cooking schools worldwide.

Based in The Netherlands, Taeyeon travels throughout Europe to share her knowledge of Korean culinary traditions. In Hungary, she serves as a guest lecturer at the K-Food Academy at the Korean Cultural Center in Budapest, where she leads professional workshops for Hungarian chefs. Her collaboration with the centre includes organizing Korean temple food events with Buddhist monk Jeong Kwan, as well as cooking demonstrations at major events like the Gourmet Festival, KoreaON and Mokkoji Korea. Her work has received national attention in multiple media appearances in Hungary, such as TV2 and Nők Lapja.

TAEYEON KIM

a The Kimchi Institute igazgatója és alapítója,
a koreai konyhaművészet szakértője, oktató séf

Taeyeon Kim a koreai konyhaművészet szakértője és hivatalos oktatója, specialitása a koreai templomi és királyi udvari konyha. Szorosan együttműködik a Koreai Élelmiszer Promóciós Intézettel, amely a koreai ételek nemzetközi népszerűsítéséért felel. A koreai konyha kulináris nagyköveteként dolgozott és főzött már számos koreai nagykövetségen, kulturális központokban és főzőiskolákban szerte a világon. Ezenkívül olyan tananyagokat is kifejlesztett, amelyek számos főzőiskolában részei az oktatásnak.

Taeyeon Hollandiában él, és főként Európában utazva osztja meg tudását a koreai gasztronómiai hagyományokról. Magyarországon a budapesti Koreai Kulturális Központ K-Food Akadémiáján profi workshopokat tart magyar séfek számára, emellett a koreai templomi ételekhez kapcsolódó rendezvények szervezésében is segít Jeong Kwan buddhista szerzetesnővel. Bemutató főzést tartott a Gourmet Fesztiválon, a KoreaON-on és Mokkoji Koreán, és többek között szerepelt a TV2-ben és a Nők Lapjában is.

김태연

김치 한식문화 교육원장, 요리연구가,
한식진흥원 해외파견 한식전문가

김태연 요리연구가는 현재 네덜란드에 거주하며, 헝가리를 비롯한 유럽 여러 나라에서 한식의 매력을 알리고 있습니다. 한식진흥원과 협력하여 세계 각국의 대사관, 한국문화원, 요리학교에서 다양한 한식 홍보 행사를 진행했으며, 해외 요리학교의 한식 커리큘럼 개발에도 기여했습니다. 서강대 경영학과를 졸업하여 국내 대기업에서 4년간 근무한 후, 좋아하는 일에 도전하기로 결심하고 프랑스 요리학교인 르 꼬르동 블루에서 요리를 시작했습니다. 이후 한식의 여러 분야를 더욱더 깊이 공부하고자 전국의 전통음식 대가들을 찾아 가르침을 받았고, 학문적으로도 숙명여대 대학원 전통식생활문화전공을 졸업하였습니다. 헝가리에서는 현지 셰프들을 위한 한식 발효 마스터 클래스를 진행하고, 중부 유럽 최대 미식 축제인 고메 페스티벌과 한식 소개 TV 프로그램 등을 통해 큰 주목을 받고 있습니다.

Taeyeon Kim, a Korean culinary expert, visited Budapest invited by the Korean Cultural Center in Hungary to introduce the world of Korean gastronomy to local experts. At a culinary event, she met Zsófi Mautner. During their first conversation, it became clear that they were both fascinated by each other's cuisine and quickly discovered surprising similarities between Korean and Hungarian flavours.

A twist was added to the story in September 2023 when Taeyeon and Zsófi invited Dr Ágnes Csiba-Herczeg, one of Hungary's most renowned wine experts, to a Korean food presentation to pair Hungarian wines with the dishes. Everyone was amazed at how perfectly the Hungarian wines complemented the Korean flavours, and this sparked the idea to share this discovery with the world.

Naturally, the experts took the task seriously. In a large workshop, they cooked and tasted the most distinctive Korean dishes with the most typical Hungarian wines to find the ideal combinations. The workshop took place in Hungary, and Ágnes also invited her friend Chan Jun Park, one of Korea's leading wine experts, with whom she has worked for years at various international wine competitions. Their shared passion and curiosity led to the creation of this book, which not only showcases Korean gastronomy and Hungarian wines but also their perfect harmonization.

The book was ultimately written by Taeyeon and Ágnes, but Zsófi and Chan Jun also played crucial roles in assembling the harmony between the dishes and wines. "Seoul Budapest" is thus not only a culinary adventure but also a unique meeting of two cultures.

A Koreai Kulturális Központ meghívásából Kim Taeyeon, koreai gasztronómiai szakember Budapestre látogatott, hogy megismertesse a koreai gasztronómia világát az itt élő szakemberekkel. Egy gasztronómiai rendezvényen találkozott Mautner Zsófival. Az első beszélgetésük alatt kiderült, hogy mindkettőjüket lenyűgözi a másik konyhája, és gyorsan felfedezték a koreai és magyar ízek közötti meglepő hasonlóságokat.

A történet 2023 szeptemberében vett fordulatot, amikor Taeyeon és Zsófi meghívta egy koreai étel-bemutatóra Dr Csiba-Herczeg Ágnest, Magyarország egyik legismertebb borszakértőjét, hogy párosítson magyar borokat a fogásokhoz. Mindenkit lenyűgözött, hogy a magyar borok milyen tökéletesen illeszkednek a koreai ízekhez, és itt született meg az ötlet, hogy ezt szélesebb körben is meg kell ismertetni a világgal.

Természetesen a feladatot a szakemberek komolyan vették, és egy nagy workshop keretében megfőzték és összekóstolták a legjellegzetesebb koreai ételeket a legtipikusabb magyar borokkal, hogy valóban a legtökéletesebb kombinációkat találják meg. A workshop Magyarországon zajlott, és Ágnes elhívta rá barátját, Chan Jun Parkot, koreai egyik legkiemelkedőbb boros szakemberét, akivel régóta együtt dolgozik különböző nemzetközi borversenyeken. Négyük közös szenvedélye és kíváncsisága vezetett el ennek a könyvnek a megszületéséhez, amely nemcsak a koreai gasztronómiát és a magyar borokat mutatja be, hanem azok tökéletes harmonizációját is.

A könyv végül Taeyeon és Ágnes tollából született meg, ám Zsófi és Chan Jun is fontos szerepet játszottak az ételek és borok közötti harmóniák összeállításában. A „Seoul Budapest" így nemcsak egy gasztronómiai kaland, hanem a két kultúra különleges találkozása is.

몇 년 전 가을, 김태연 한식전문가는 주 헝가리 한국문화원의 초청을 받아 처음으로 부다페스트를 방문했습니다. 현지의 전문가들에게 한국의 식문화를 알리기 위해서 였죠. 한국문화원에서 열린 한 행사에서 헝가리 미식 작가인 조피아 마우트너를 만나게 되었는데 두 사람은 첫 대화부터 서로의 음식 문화에 대한 깊은 관심을 나누었고, 한식과 헝가리 음식의 공통된 매력들을 발견했습니다.

시간이 흘러 2023년 9월, 두 사람의 이야기는 새로운 터닝포인트를 맞이했습니다. 김태연과 조피아 마우트너는 헝가리의 유명 와인 전문가인 아그네스 헤르체그와 함께 한식과 헝가리 와인을 페어링해보는 시간을 가졌습니다. 모든 것이 놀라웠던 경험이었죠. 헝가리 와인이 한식과 완벽하게 어우러지는 것을 보고, 이것을 전 세계에 알리고자 하는 공통된 목표가 생긴 것입니다.

전문가들은 이렇게 새롭게 생겨난 프로젝트에 진심을 다해 몰두했고, 헝가리에서 열린 페어링 워크샵에서 가장 대표적인 한국 음식과 헝가리 와인을 함께 맛보며 최상의 페어링을 찾아냈습니다. 아그네스 헤르체그는 오랜 기간 무수한 국제 와인 대회에서 함께 일하며 인연이 된 한국의 유명 와인전문가인 박찬준 소믈리에를 초대하였고, 그 역시 이 프로젝트에 매료되어 동참하게 되었는데요. 이렇게 모인 네명의 전문가는 음식과 와인에 대한 공통된 열정과 호기심을 바탕으로 협력하였고, 그 결실인 한식과 헝가리 와인이 함께 어우러지는 아름다운 페어링을 이 책에 담아냈습니다.

이 책은 한식 전문가 김태연과 헝가리 와인 전문가 아그네스 헤르체그가 집필했지만, 조피아 마우트너 작가와 박찬준 소믈리에 또한 음식과 와인의 페어링을 찾는 데 중요한 역할을 했습니다. 「서울-부다페스트」는 단순한 미식의 발견을 넘어서, 서로 다른 두 문화가 음식과 와인을 통해 하나로 어우러지는 독특한 경험을 함께 나누고자 합니다.

CHEONG SONG
WHITE PORCELAIN

청송백자
오 백 년

OUR PARTNERS

PARTNEREINK

협력 기관

Korean Cultural Center

TOKAJ-HEGYALJA EGYETEM

Liszt Institute
Hungarian Cultural Center Seoul

WINES OF HUNGARY

HALIMBA CRYSTAL
HANDMADE

institute
Eastern
Europe
wine